郑泓灏 著

INVESTIGATION AND RESEARCH ON MIAO SILVER ORNAMENTAL CULTURE INDUSTRY

苗族银饰文化产业调查研究

社会科学文献出版社
SOCIAL SCIENCES ACADEMIC PRESS (CHINA)

序

　　小郑小两口，找我询问过一些问题，因此认识他们。那时候，他们还很年轻，也很谦虚，但有一种初生牛犊不怕虎的精神，经过一番磨砺之后，现在都有所成就。夫妇共同搞研究，本来就不多，一起研究同一对象的就更少了。一起生活，一起研究，争论的是学术，促进的是情感，堪称学术夫妻，或许学术上的"神雕侠侣"就是这样炼成的。

　　民族学原本是研究异文化的，但自从费孝通先生开创研究本民族文化的先河以来，民族学的研究理路更加丰富，从而得到他老师马林诺夫斯基的赞赏。然而，也使得一部分人误认为只有研究自身文化才能获得深入的理解。对此，费老认为是一个"进得去出得来"的问题，即对于研究异文化的人是一个"进得去"的问题，对于研究本文化的人是一个"出得来"的问题。无论"进去"与"出来"都是异文化体系间比较研究的问题，只有对本文化与异文化都有深入的理解，才能建立参照系，更好地研究他文化、本文化或共同的文化问题。郑泓灏的《苗族银饰文化产业调查研究》正好是对这个问题的探索。

　　如果说有的民族用金子炫耀他们所拥有的财富，那么苗族则是以银饰打扮自己心爱的姑娘。苗族银饰深深地嵌入苗族社会文化结构，被纳入苗族社会的意义体系。没有银饰的人就不是苗族社会里的人，没有银饰的姑娘也不成其为苗族姑娘，不能提供银饰给女儿的家庭就一定是不称职的苗族家长。

这个精彩不是一时的心血来潮，而是来自一系列的制度机制。苗族姑娘即使出嫁了，也不是"泼出去的水"，以往还要留一份"姑娘田"给她，作为她与娘家往来的用度开销。"土地改革"过后，没有了"姑娘田"，也就转化为增加银饰的分量。最终彻底分离男女继承财产的方式，男人继承房产、田产，女人继承银饰。银饰随着婚姻圈流动，几乎是对等的流入与流出，只是时间的长短问题，因此不用担心银饰的永远流失。这是一种双系继承制度的体现。男人既然得到了不动产，就要为女人动产的不确定性提供可靠的保障，也就是舅权制度存在的意义。比如，婚姻解体，舅家有权利追回由娘家带过去的银饰；老姑妈去世，舅家有权开棺验尸等。所谓"舅舅为大""出嫁不离家"正是苗族维护弱势妇女权利的一种制度设置。既然银饰是妇女财产的体现，展现的是穿戴在身上的财富，那么"多"与"重"也就成为苗族银饰的特色之一，也塑造了一种"厚重"与"多样"的审美取向。也就是说，任何社会文化现象都有其深厚的历史根源，这就要看追问的程度与方式了。

银饰形制、图案自然地表现出苗族文化元素，如银角、银鸟、银花之类。然而银饰主要是男人打制的，它的形制自然带有男人的观念。男人主外的模式使男人有更多机会与异文化接触，这在银饰图案上也留下了印记。这是族际文化生态模塑的结果。

文化产业是文化、产业、市场等多种要素的交集。作为文化产业的银饰，自然存在双重性问题，一方面要适应内部市场，这是保卫社会的延续与发展问题；另一方面要适应外部市场，这是族际共同繁荣与共生整合的问题。外部市场要适应不同文化的不同需求，才能在对方市场生根发芽。这就需要知己知彼，互相适应，建构共同规则。目前，市场上出现不少苗族银饰的伪劣产品，这是资本无孔不入而违背文化知识产权与市场规则所导致的。这些方面在郑泓灏的《苗族银饰文化产业调查研究》里，或隐或显地均有所涉及。

全书调研记录比较细致。例如，该书的"黔东南雷山、台江实地调研""黔东松桃、铜仁及湘西花垣、凤凰、古丈、吉首实地调研""黔南都匀、贵定、惠水实地调研"等相关章节，涉及苗族东部方言区、中部方言区、西部方言区，并通过对"工作人员访谈""苗学专家访谈""文献收集与通信访谈"等调研方式，对三江、吉首、塘龙等地方苗族银饰文化产业发展状况进行研究。这些都取得一定的成绩，但还有待系统资料的进一步完备，多种研究视角探讨的步步深入。

本书作者把调查点选在湘黔两大苗族聚居区，尤其是具体调查点很有代表性。作者发现，无论是在黔东南的施洞、雷山，黔南的都匀，黔东的松桃还是湘西的凤凰都有不同规模的银饰产业。其存在的基础是这些苗族地区各种节庆活动都离不开银饰的装扮，而且各个地区都有本土的苗族银匠非物质文化遗产传承人，以及各种苗族银饰设计花样与穿戴习惯，甚至在很多地区都有以苗族银饰产品研发为主体的大型生产厂家，如凯里的以"仰阿莎"命名的苗族银饰生产基地和凤凰县以"小红鼠"命名的苗族银饰传习所等。苗族银饰文化产业对民族地区的经济发展起着不可忽视的作用，发展苗族银饰文化产业，对实施精准扶贫具有一定的启发意义。

多年来的田野调研和潜心研究已使作者融入苗族社会文化里，

把这些辛勤收集的资料整理著书，是作者对苗族银饰文化产业研究成果的初步展示。有了好的开头，就是成功的一半。希望此后更加努力，奉献出更加高质量的学术专著。

刘　锋

2018 年 6 月 16 日于贵州大学

前　言

　　本书为 2017 年湖南省教育厅资助科研项目"湘西民族工艺的传承与发展研究"（项目编号 17C1321）、2017 年湖南省哲学社会科学基金项目"苗族东部方言区银饰文化产业创新发展研究"（项目编号 17YBX028）研究成果，主要围绕苗族银饰文化产业相关知识与调研进行阐述，共分为四个部分。第一个部分是对苗族银饰文化产业课题的提出及其意义进行阐述，第二部分是对苗族银饰的市场分布与制作工艺的调研，第三部分通过与工作人员、苗学专家、银匠通信访谈以及文献收集、鉴别等多种研究方法对苗族银饰的文化与产业价值进行调查，第四部分是对苗族银饰文化产业的现状分析与发展进行研究。文化资源是文化产业发展的基础和前提。随着文化产业的发展，人们意识到文化资源的丰富与否与一个国家和地区的文化产业发展密切相关。苗族银饰锻制技艺是民族地区很宝贵的文化资源，开发这一民族特色工艺产品对发展文化旅游、民族银饰产品以满足游客新的审美需求起到促进作用，并提升游客的消费品位，从而带动区域经济与发展，并相应增加民族地区贫困人口的收入。

　　本书稿在对苗族聚居地进行实地调研的基础上进行整理、分析、讨论，同时，另附调研时采集的 112 幅图片，大部分是 2016～2018

年在湘黔地区苗族银匠家里或苗族集市上拍摄的，以及由银匠提供，让读者直观感知苗族银饰锻制技艺的保存与发展现状，及其文化产业的发展状况。在著作过程中，笔者查阅了大量的资料文献，并深入贵州东部、南部、湘西等苗族东部方言区、中部方言区进行银饰文化产业调研，并绘制了相关的 5 个图表，对民族地区精准脱贫的实施以及苗族银饰锻制技艺非物质文化遗产资源的开发提供参考与建议。

郑泓灏

2018 年 5 月写于吉首大学张家界校区

目 录

第一章　苗族银饰文化产业调查研究的提出和意义

第一节　文化产业概述

一　文化产业

（一）文化产业的内涵

文化产业是以文化资源为基础，文化创意为核心，文化科技为动力，充分发挥人的智慧，进而创造财富与就业的新兴产业。随着社会经济文化的快速发展，文化产业在各国经济发展中的地位越来越重要，如今已成为世界公认的"朝阳产业"。[①] 联合国教科文组织将文化产业定义为按照工业标准生产、再生产、储存以及分配文化产品和服务的一系列活动。由此可概括出文化产业的定义是，通过生产、流通、分配和消费文化产品及其服务来实现创收的产业部门。

[①] 肖丰、陈晓娟、李会：《民间美术与文化创意产业》，华中师范大学出版社，2012，第1页。

文化产业所包含的产业范围是广泛的。一般来说，文化产业是指从事文化产品生产和提供文化服务的经营性行业。

文化产业的概念因文化产业理论发展的不成熟和实践的快速发展，以及文化产业本身具有的开放性特点，不同国家、不同社会、不同行业都对文化产业有着不同的认识与理解，处于不同历史时期的人们对文化产业的认识与理解也不一样，其外延不断拓展难以统一。从我国的情况来看，就文化产品性质而言，文化产业是向消费者提供精神产品或精神服务的行业，是以市场经济配置文化资源为基础，通过产业化方式进行运作、生产、经营的群体，它包括文化艺术、广播影视、新闻出版为核心层的行业。[①]

（二）文化产业的特征

1. 全面认知文化产业所具有的产业基本特征

文化产业是国民经济中生产具有文化特性的服务产品的单位的集合体，具有一般产业所有的大规模商业运作、工业化和产业化的操作模式及组织模式、追求利润最大化的企业行为等一般性质。[②] 但是关于产业的规模与利润的理解是相对的，对于民族民间文化产业则不能完全以追求大规模商业运作和利润最大化为目标，一些传承民族民间艺术文化行业由于规模不大、利润不高，其生产经营还需要政府加以保护及经费投入；一些非物质文化遗产的创作产品也不能盲目地以追求组织规模最大化为目标，而是要更好地传承中国优秀传统文化，并以此为企业的重要责任。从根本上来说，树立具有自身文化品牌的文化产品，提升国民文化自信才能真正使自己的文化创作产品满足老百姓对美好生活向往日益增长的需求。由此可见，

---

① 朴智渊：《延边地区文化产业发展研究》，延边大学硕士学位论文，2013。
② 张廷兴等：《中国文化产业概论》，中国广播电视出版社，2009。

文化产品的生产不能盲目跟随市场，而要主动引导市场消费行为，激发人们新的审美需求与使用需求，有利于拉动市场与消费需求，使其良性发展。

当今，文化产业成为推动全球经济发展的新动能，然而在全球的文化产品生产、消费、流通中，如何凸显自己本民族的文化特色，同时又对异族文化包容与兼容，是我们所共同面对的课题，特别是在某些大国利己主义政策的施行下，更富有挑战性。对文化产业理论的全面理解能引导有利于市场发展的实践行为，而如果以"单纯追求利润最大化的企业行为作为产业的一般性质"进而演变为大国的经济政策行为，就会愈加促使利己主义政策的施行，这样会打破世界经济的平衡，发展为尔虞我诈的贸易战。由此可见全面认知文化产业是重要的。

（1）产业的定义与分类

产业是指一些具有某些相同特征的经济活动的集合或系统，它是一个经济学意义上的概念。[①] 产业的形成与发展同社会分工的产生与发展紧密相连。在现代西方经济学中，由费希尔、克拉克、库兹涅茨等人提出的三次产业分类方法对 18 世纪英国产业革命以来人类生产的社会分工状况进行了分类描述，从而形成了产业结构和产业组织理论。

关于产业的分类，从横向上看，产业的概念有广义和狭义之分。广义的产业是由一般社会分工形成的产业大类，即农业、工业和服务业（商业）三大生产部门；而狭义的产业是指在一般社会分工之下由特殊社会分工形成的生产部门，如工业内部的冶金、纺织、机械等生产行业。从纵向上看，有时候，产业只指生产物质产品的集

---

① 胡慧林：《文化产业概论》，云南大学出版社，2005，第 83 页。

合体，有时专指工业，有时泛指一切生产物质产品和提供劳务活动的集合体。产业分类概念是经济学用以研究和描述经济活动的理论工具，同时被应用于某一国家的国民经济统计。但作为理论和经济统计的工具，产业分类概念相对于现实中的具体产业运行，总是滞后于实际的产业发展，且由于世界各国经济状况的差异，同一产业分类概念在各国的具体应用中所包含的内涵也千差万别。但是无论社会怎么发展，无论产业的概念如何变化，都脱离不了产业是经济活动这一基本特征。①

（2）产业化的一般特点

产业是经济条件活动下的特有现象，有它自身的特点，即对市场的依赖性、规模性和一般消费性。这些特点主要体现在经济活动这一基础之上。虽然不同的产业具有不同的特点，但是从产业化的理论定义可知，产业化的基本内涵是，以市场为导向，以效益为中心，依靠主打龙头（品牌产品）带动科技进步，实现区域化布局、专业化生产、一体化经营、社会化服务和企业化管理，为现代经济的经营方式和产业组织形式。②

（3）文化产业具有文化的一般特征

文化一词用来指人类社会的精神现象，泛指人类所创造的一切物质产品和非物质产品的总和，亦被称作精神产品、知识产品。文化产业是从事文化生产与服务的产业，具有与文化相关的特征：一是熏陶意识，提升审美能力；二是传递性与传承性特征明显；三是丰富的民族地域性和多样化。

2. 文化产业的突出特点

文化产业的特点是基于文化产品而延伸的。文化产品也称"文

---

① 荣跃明：《文化生产论纲》，复旦大学博士学位论文，2009，第88页。
② 张廷兴等：《中国文化产业概论》，中国广播电视出版社，2009，第14页。

化商品"，是指具有特定文化含量的精神消费品，与物质产品满足人们衣食住行的实用需求有所不同，文化产品具有精神性（符号消费性）、意识形态性、创意性、价值延伸性和增值性等几个突出的特点，并随着社会实践发展而不断发展。

（1）文化产业的符号消费性突出

符号是指人的生存环境及社会关系等一切有意义的物质形式，也是一种传达信息的有意义的中介物，即介于人与物之间的关系，并在解释这种关系活动中形成符号的功能，包括能指具体事物与所指抽象含义。文化产品的主要功能：直接作用于人的精神，主要是促进和提高人们的思想境界，改善人的精神状态，培育人们的道德情操，着眼于全面提高人的素质。这明显不同于一般物质产业的直接消费性，而具有很强的符号消费性。世界是由各种符号系统组成的，万事万物都可看作各类符号系统中的一个符号。而人类所创造的符号系统主要分为语言符号（实物形式的人工符号）和非语言符号。文化产业以语言符号为主体，辅以非语言符号。人类文化即符号的文化，人类生活在一个充满着人工符号的文化文本的世界中，即对狭义上的符号进行消费。[①]

（2）文化创意是文化产业的核心

挖掘中华民族文化资源，用创意打造中国文化产业品牌。中国文化产业的发展必须走将中华民族优秀传统文化资源转化为与当代社会消费需求相适应的文化产品的创新之路。挖掘本民族文化资源中最能代表本民族文化性格的差异化特征，用创意建立起本民族文化资源的符号表达体系，即文化品牌的确立，这既关涉能否集聚起本民族的文化资本，又关涉将来中华民族文化软实力的核心竞争力。

---

① 张廷兴等：《中国文化产业概论》，中国广播电视出版社，2009，第20页。

正如皇甫晓涛教授在他著的《创意中国与文化产业》一书中所说的那样："中国人又开始了本土化、民族化的文化重构与文明再造，开始了创意中国的新文化运动。"①

（3）文化科技是文化产业发展的动力

科技对文化产业的介入包括文化产品生产手段、文化产品流通方式、文化资本市场的优化创新等方面，而文化科技创新是推动文化产业不断发展的原动力。文化产业的概念是对现代社会文化生产、传播和消费的形态概括。从人类文化的起源看，文化的发生与传播相伴随，或者说，文化为了传播的需要而诞生。文化传播方式的每一次变化都会对文化发展产生重要影响。从史前岩画艺术对生活的记录、结绳记事等到从象形文字、抽象文字的创造及其载体甲骨、竹简、木牍、金石、缣帛、纸张的发明（造纸术），再到纸质书籍、电子书籍、硬盘、U盘、云盘、电视、电脑、手机的诞生；从雕版印刷术到泥活字、木活字、铅活字、铜活字等活字印刷术，再到机械彩墨印刷、喷墨打印机、激光打印机、3D打印技术的使用；从早期人类肢体语言、声音语言的诞生到模拟影像，再到数字化、同步翻译技术、高分辨摄影技术、全息投影技术、高分辨率全球定位系统、微芯片制造、人工智能、可控光等技术的突破，这些语言、图像、文字等文化载体在现代科学技术帮助下越来越便于人们记载与传递相互的思想意识，促使人与人沟通的障碍消除。从飞鸽传书到人工书信来往、邮政等快递、发电报、电话交流、有线电视，再到无线电视、光纤通信、邮箱、QQ聊天、手机微信、卫星导航、量子通信等传播渠道的发展，可见，随着科学技术的日益进步，人与人之间的心灵距离不断拉近；而随着水路、水空、陆空两栖交通工具

① 载肖丰、陈晓娟、李会：《民间美术与文化创意产业》，华中师范大学出版社，2012，第3页。

的发明甚至水陆空三栖交通工具的研发，以及快艇、潜艇、火车、动车、磁悬浮列车、高铁、真空飞铁、高速飞机等交通工具的不断发展，人类不断追求速度的同时使得人与人之间的空间距离不断缩短。由此可见，这些传播方式和传播媒介随着技术的发展而演变，传播的空间和时间制约不断被突破，传播的内容日趋多样化，可以进行大容量、逼真还原和虚拟的现场展现。传播方式和传播媒介的发展演变是人类生产技术发展的一个组成部分，生产技术的发展相应地推动了人类生产方式的变革，既推动了社会分工深化，也促使生产组织形式发生演变。文化产业在其所经历的每个历史阶段都有其特殊的产业形态。这一过程既是文化产业内涵和外延不断扩大的过程，又表现为文化活动在社会经济、政治生活中重要性不断增长的过程。①

二　文化产业的发展

（一）推动信息产业与文化产业的结合

为贯彻落实《"十三五"国家战略性新兴产业发展规划》《文化部"十三五"时期文化发展改革规划》，深入推进文化领域供给侧结构性改革，培育文化产业发展新动能，2017 年 4 月 11 日《文化部关于推动数字文化产业创新发展的指导意见》发布，以供各文化部门参考学习；2017 年 12 月 19 日，文化部产业司在《中国文化报》发布《数字文化产业再迎发展"大"机遇》文章，提出要以数字信息技术引导文化产业发展。在文化领域，民族文化的数字化发展程度较低，所以民族文化应该主动响应新时代的呼唤，通过网络语言和网络支撑体系实现民族传统文化范式向数字文化

---

① 荣跃明：《文化生产论纲》，复旦大学博士学位论文，2009，第 84 页。

范式的创新。利用数字图书馆、数字博物馆、校园网、云盘等网上文化数据库，可以让民族文化突破时空限制，实现跨文化交流，提升民族文化的知名度，强化民族文化的竞争力，进而推动民族文化产业发展。

满足即时互动、信息表达的需要。在传播的诉求方面以互联网为重要标志的第三代媒体已经逐渐走向了个性表达与交流阶段。对网络、手机电视而言，消费者同时也是生产参与者。在互联网上人人都能够通过微博、微信、QQ 等社交客户端，随时随地轻松互动，手指一动就能发送别人想要接收的信息，也能够看到别人发出自己所需的信息，并及时给予点赞、转发、回复和反馈。

（二）传承与创新非物质文化遗产，提升文化自信

文化是一个国家、一个民族的灵魂。没有高度的文化自信，没有文化的繁荣兴盛，就没有中华民族的伟大复兴。2017 年 10 月党的十九大《决胜全面建成小康社会　夺取新时代中国特色社会主义伟大胜利》的报告对推动文化事业和文化产业发展提出了新要求。2017 年 12 月 4～5 日，文化部召开工作会议推动新时代文化产业持续健康快速发展，文化和旅游部部长雒树刚要求，全国文化系统要把学习贯彻党的十九大精神作为首要政治任务，牢固树立"四个意识"，增强"四个自信"。通过文化旅游产业、文化产业园创建传承非物质文化遗产，创新相关艺术产业。例如，黔东南有三千多年历史的苗族姊妹节（"浓嘎良"）得到政府、各地民间组织的重视与苗族百姓的积极参与，通过每年农历三月十五日至十七日施洞的苗族姊妹节、台江苗族姊妹节等旅游节庆活动，充分展示苗族银饰服饰的魅力，提升苗族文化自信，提高民族地区苗族的生活水平，促进当地文化旅游经济的发展。

第二节　苗族银饰文化产业的内涵

一　苗族银饰文化

银饰是苗族人文、地理、习俗、思想、审美甚至是经济的重要承载，在学术上，它是综合各类学科的民族文化。苗族的银饰文化亦是人们不断追求精神生活的审美典范，若表现在艺术领域，它与绘画、雕塑、建筑、书法并列，可称之为工艺美术。若表现在物质生产领域，它是指由原材料加工成半成品或成品的过程，如工艺方法、工艺流程、工艺学等，在内涵上则与"技术"相近。[①] 诚然，苗族银饰是其民族大众为满足自身的实际生活、习性和审美需要，通过手工制作而创造出的各种装饰、生产出各种造型所表现出的一种有形的文化现象。就苗族银饰工艺文化的内涵而言包含了三个层面，即使用材质、制作技术的技艺层面，造型、样式、图案、色彩的艺术层面和社会文化意义上的文化认同感和特殊的情感。

二　苗族银饰文化产业

文化产业是社会文化经济一体化的产业群，是指由传播媒介的技术化和商品化推动的主要面对大众消费的文化生产。苗族银饰文化产业，即以苗族银饰文化价值作为基础以满足人们的精神需求为主要目标，以技术为主要手段生产和销售苗族银饰特色文化产品的经济活动的集合。其中苗族银饰特色文化产品，既包括含物质文化产品也包含非物质文化产品。

---

① 张道一：《中国民间美术词典》，江苏美术出版社，2001，第6页。

（一）苗族银饰文化产业涉及范围

广义的苗族银饰产业是指与苗族银饰及其材料的生产与销售、收藏购买、售后服务有关的产业，包括民族地区涉及苗族银饰服饰展演的文化旅游产业；而狭义的苗族银饰产业是指苗族银匠家庭作坊生产与零售银饰产品，以一些边务农边打制银饰的家庭为生产单位，有些渐渐从农业生产剥离出来专门从事银饰生产的苗族银饰生产作坊。苗族银饰生产相对于工业内部的冶金、机械等行业来讲，分别负责对银矿的开采与冶炼、银饰制作工具开发与生产等，是具有一定规模及特殊专业技术的苗族银饰生产部门，如湖南省"银都"郴州就有许多这样的生产部门，这些与"银"紧密相关的产业促进了城市经济与旅游文化产业的发展，也辐射影响湘黔苗族银饰文化产业的发展；苗族银饰服务业相对于商业内部的旅游、销售等行业来讲，如苗族银饰服饰旅游文化节中的各种苗族银饰艺术展演活动、苗族银饰文化产业园的建设与推广，如湘西凤凰县每三年一度的"中国凤凰苗族银饰服饰文化节"，促进湘黔、云南、广西、海南等地苗族银饰文化的交流与发展；还有贵州松桃县黔东民族艺术文化园、凤凰苗族银饰锻制技艺传习所，促进地方苗族银饰的制作与文化推广，增强苗族银饰文化自信。有时候苗族银饰产业仅指生产苗族银饰产品的集合体，有时泛指一切生产苗族银饰物质产品和提供相关劳务活动的集合体，例如凤凰麻茂庭银饰作品中心等以苗族银饰锻制技艺传承人为品牌的零售店、贵州"仰阿莎"民族工业品有限责任公司等苗族银饰生产经营部门。

（二）苗族银饰文化产业的决定因素

"苗族银饰文化市场""苗族银饰锻制技艺""苗族银饰非物质文化遗产传承人"在苗族银饰文化产业中是决定性因素，是苗族银饰文化产业发展的关键。

　　艺术产业是文化产业的重要分支，苗族银饰文化产业是艺术产业的一部分内容。建立苗族银饰品牌策略是其中非常重要的营销手段之一，如不少国家级、省级、州级、县级苗族银饰锻制技艺非物质文化遗产传承人就在当地县市开设有相应的苗族银饰专卖店，以自己姓名作为品牌，如凤凰麻茂庭银饰作品中心，龙先虎、刘永贵、黄东长、龙六昌、吴国祥、穆仕林等苗族银匠也开设了相关的品牌店。此外，做好市场细分与目标市场定位工作也非常重要，例如吉卫苗族银匠石张飞针对德榜村与吉卫市场专做儿童银饰，麻茂庭专做三江中端市场苗族款式的纯银银饰，龙先虎针对德榜村苗族民间消费市场只做纯银银饰，龙炳周面向三江低端市场常做苗银，文德忠专做凤凰县城高端市场旅游消费者的银饰……他们针对不同消费者不同市场的实际情况有不同的定位。

第三节　苗族银饰文化产业调查研究的目的

　　有关苗族银饰文化产业的研究偏重传承保护的产业化应用性研究。自 20 世纪 80 年代以后，苗族集聚区的县（市、区）相继建立了苗族银饰工艺品相关生产企业，民族艺术研究所和民族文化产业园，这些研究所多是以应用性研究为主，主要对苗族银饰传统工艺流程和相关技艺进行搜集、记录、整理，用以指导企业生产和游客参观体验，有的研究所还直接创办企业或参与企业经营，甚至以政府干预的方式保护、研发和传承苗族银饰技艺。显然，苗族银饰被纳入非物质文化遗产名录后，各县对其重视的程度与日俱增。但随着全球经济科技的迅猛发展，苗族银饰也同样面临严峻的考验，许多传统技能和图案造型正在消失，而研究苗族银饰文化将有助于银饰新产品开发与销售，使银饰产品多样化，与新时代的消费时尚接轨，并借助市场的力量保护苗族银饰。

银饰产业是与苗族的活动相联系的，同时也是和人类学相联系的，其审美模式有一定的仪式性、行为性。比较而言，游客只是认为苗族银饰是一种民族符号而已，而在苗族它就是一种行为模式，所以注重材质的纯银性和纹式的本族性、集团性、群体性是一种很重要的审美方式。在这种认识下，课题组通过对黔东南雷山、台江，黔东松桃、铜仁及湘西花垣、凤凰，黔南都匀、贵定、惠水的田野调查，区分不同地区苗族银饰的造型差别，从中进一步明确客位立场和主位立场（研究者和被研究者）。以跨文化、跨学科的观点从研究者的角度进行研究，用田野考察的观点辨别苗族银饰的意义、价值等无形的民族文化因素，同时将审美放在被访问者和银匠的立场来理解，分析出各个地域银饰图案的构图特色、创作心理、文化内涵、审美认识，在一系列的工作之余将苗族银饰按佩饰种类、地域方言做了明确的细化，同时也深感每个地域都有各自的审美内涵。各地银饰依据地域的佩戴习性和风俗而多寡有别，佩戴的种类、形式、风格也不一样，而且银饰的配备是不可或缺的，也是随着时代变化而变化的，这些变化除了有的是不同地区、不同支系苗族传统风格的沿袭与发展外，更多的则是苗族银匠丰富想象力的艺术创造。

苗族银饰的产生与发展在历史上有很多必然性的因素，从白银行使货币职能到退出银本位制，银饰在苗族社会才开始大力发展起来，从业人数不断扩大，这势必对苗族银饰的文化产业与民族生态旅游产生一系列连锁反应。随着人们对文化生态旅游的青睐，银饰逐渐成为展示苗族形象和民族精神的窗口，以苗族银饰文化产业为切入点将其提升为高雅而令人难忘的旅游文化，从而实现湘、黔生态文化旅游圈与其他地区的经济协作区交通、旅游等方面的对接与合作，促进武陵山片区与云贵高原、湘桂丘陵盆地对内协作与对外开放，加速民族区域经济一体化发展，其前景将是无法估量的。

一 苗族银饰文化产业研究的现状

（一）苗族实地调查研究

1. 从苗族文化的发展脉络出发进行产业的普遍性评述

近年来，笔者收集了近 30 年来国内外学术界对苗族银饰研究的相关著作，发现学术界对苗族银饰文化产业研究还不够广泛和深入，相关调研报告主要是民族学和人类学的研究成果，通常局限于苗族银饰的分布、种类介绍、历史源流、特点功能、审美等方面的探讨和研究，研究人员地区分布也不平衡，主要局限在少数民族集聚地。若以撰写的相关著作为据，笔者发现生活或工作在少数民族集中地区的研究人员成绩突出，特别是贵州省、湖南省内的一些知名学者，而湖北、广西、云南、四川、北京等省份的研究人员较为零散。日本人类学家鸟居龙藏到中国西南地区进行探险调查，于 1905 年著《苗族调查报告》（上海国立编译馆出版，1936），是一部早期介绍中国苗族的田野调查著作，主要描述黔苗的概况，在 "苗族之土俗及土司" 中 "项圈、耳环、衣服、婚姻" 部分以及 "苗族之花纹" 等部分记录了与银饰直接或间接相关的调查内容，至今对我国苗族人类学研究仍具有较大影响。国内现当代苗族研究的专著《湘西苗族调查报告》（1937 年完稿，商务印书馆出版，1947），全书 30 万字。于 1933 年 5～8 月，凌纯声、芮逸夫、勇士衡等对湘西苗族地区的凤凰、乾城（吉首）、永溪（花垣）三县进行为时 3 个月的实地调查，凌纯声负责苗族的生活、习俗、鼓舞等方面的调查与记录，勇士衡负责照相、拍摄电影和绘图等，作者通过法国式田野调查法对苗族文化进行不厌其烦的细致调研，该书对"苗族银饰在苗族的经济生活"中"工艺和服饰"部分与"家庭婚丧习俗"中的"婚姻"部分稍微提及，并把苗汉文化的差异构建在"苗汉同源"的理念之上，他们对历史资料充分利用，不仅强调共时性调查，还注重历史性调查。吉首学者石启贵在他的专著《湘西苗族实地调查报告》（1940 年写成，湖南人民出版社，1986）中对苗族银饰的描述就要详尽得多，全书 48.2 万字，在第四章"生活习俗"第一节"服装首饰"中分别对湘西苗族银饰的种类做了详细介绍，对湘西苗族银饰的调查较为全面。中央民族大学"985 工程"中国少数民族非物质文化研究与保护中心和台湾研究院历史语言研究所合作后，历经 3 年将石启贵遗稿"湘苗文书"101 册，译注整理成《民国时期湘西苗族调查实录》（民族出版社，2009），共 8 卷 10 册 400 多万字。内容包括椎牛卷、椎猪卷、接龙卷、祭日月神卷、祭祀神辞汉译卷、还傩愿卷、文学卷和习俗卷，其中，与湘西苗族民间习俗相关的银饰调查为学术研究者提供极其可靠的原生态资料，具有极高的学术研究价值与实用价值。在这方面的研究成果还有杨正文《苗族服饰文化》（贵州人民出版社，1998），万翠、付宏、吴靖霞的论文《贵州省苗族服饰文化产业化对策研究——以西江千户苗寨苗族服饰为例》（《产业与科技论坛》2015 年第 10 期），这些研究均准确描述和记录了服饰和银饰的工艺技术，并分析其文化背景，全面反映了苗族服饰、银饰文化产业化面貌。

2. 从非物质文化遗产、制作工艺、审美文化等领域来进行研究

从苗族银饰的产业开发区域和个案研究出发，分析具有地域性的苗族银饰产业文化及特点，这方面理论性比较强的著作有由吉首田特平、田茂军、石群勇著的《湘西苗族银饰锻制技艺》（湖南师

范大学出版社，2010）一书，内容包括湘西苗族银饰的分布、历史
演化、审美特征、价值、传承人介绍、保护研究等重要内容。武汉
大学戴建伟著的《银图腾：解读苗族银饰的神奇密码》（贵州人民
出版社，2011），从神秘奇特的金属神话——银崇拜的源头解读、穿
在身上的月亮之神——银崇拜的意象解读、佩银祀月的千古绝
唱——银崇拜的信仰解读三个方面对苗族银饰进行了分析，但没有
对其产业文化进行研究。吉首大学田爱华著的《湘西苗族银饰审美
文化研究》（华南理工大学出版社，2015），在其第六部分探讨了苗
族银饰的现代文化价值及其发展。该书从苗族银饰在旅游文化中的
互动与发展，现代艺术设计元素对苗族传统图案造型元素的借鉴，
苗族银饰丰富了民族文化的产业化发展以及银饰文化对楚地文化的
延续与传播方面，论述了保护苗族银饰的意义和价值，从而体现出
苗族银饰在当代社会的发展趋势。由北京电子科技职业学院教授戴
莛、杨光宾著的《苗族银饰》（中国轻工业出版社，2016）是在国
家民族文化传承与创新专业教学资源库建设成果基础上编写而成，
内容包括传承脉络、工艺特色、访谈纪实、作品赏析、社会影响五
部分，从国家非物质文化遗产的传承实际和工艺特点出发，既注重
传承脉络和访谈纪实，又关注文化内涵和社会影响，但对文化产业
方面叙述不多。这方面的研究成果还有宛志贤的《苗族银饰》（贵
州人民出版社，2004），李黔滨《苗族银饰》（文物出版社，2011），
杨文章、杨文斌、龙鼎天《中国苗族银匠村——控拜》（内部资料，
2010），李若慧硕士学位论文《财富、商品与信仰——黔东南施洞苗
族人的银饰价值观》（中央民族大学，2012），唐绪祥论文《贵州施
洞苗族银饰考察》（《装饰》2001年第2期），赵祎论文《试析贵州
施洞地区苗族银饰文化兴盛的原因》（《艺术设计研究》2005年第4
期）等。张建世《黔东南苗族传统银饰工艺变迁及成因分析——以

贵州台江塘龙寨、雷山控拜村为例》（《民族研究》2011 年第 1 期）一文指出黔东南苗族传统银饰工艺是国家级非物质文化遗产。随着时代的发展，这种传统工艺也在发生着不同程度的变迁，表现出了"兴盛""变异与延续并存"等不同的变迁模式。由佩饰佩戴习俗及其他相关的社会文化环境要素所构成的文化生态是促其变迁的动因。从这种文化生态观的角度来理解传统工艺的变迁，可为我国非物质文化遗产的保护提供新的思路。杨晓辉《贵州台江、雷山苗族银饰调查》（《贵州大学学报（艺术版）》2005 年第 2 期）阐述黔东南是贵州苗族银饰产品最为丰富和集中的地区，雷山县的控拜、台江县的施洞镇塘龙村等都是著名的银匠村。银饰维系苗族若干代人的思想情感及对民族自身的认同。其中还包括审美的愉悦和财富的象征两重含义，通过银饰加工，银匠的经济收入有很大提高，银饰技艺也进一步发展。它有着使之赖以生存、发展的社区环境。从调查的情况来看，目前从事银饰加工的艺人多为中年人，且文化程度偏低，银饰工艺的传承仍存在隐忧。陈剑、焦成根、唐慧、刘雯的《德榜苗族银饰锻制技艺的现状调查》（《内蒙古大学艺术学院学报》2005年第 2 期）一文提到，德榜村是湘西凤凰知名度颇高的苗族银饰集中加工地，也是国家级非物质文化遗产"苗族银饰锻制技艺"的集中传承地之一。该文在田野调查的基础上，从当地流传的相关传说出发，对德榜苗族银饰品的种类、锻制技艺的传承谱系、锻制工艺、生产及销售等方面的情况做了整理和记录。他们分别从不同苗族方言地区银饰的加工销售、文化内涵以及银饰的文化产业形态，银饰的形式及所存在的问题等方面进行了探讨。近年来，学者对苗族银饰关注度提高，其研究内容涉及调查报告、传承保护、文化内涵、艺术审美等方面，虽有如此多的成绩，但具体到对苗族银饰文化产业分析则相对有限。

（二）苗族文化产业创意发展研究

1. 国外苗族文化产业创意发展研究

苗族银饰流行地区包括东部方言区的湘西土家族苗族自治州和黔东南苗族侗族自治州、黔东北松桃苗族自治县和黔南苗族布依族自治州等地。苗族东部方言区银饰种类繁多，形式多样，是除了苗族中部方言区与西部方言区外最大的苗族集聚地区，国外对于苗族的研究以英国、美国、法国学者为代表，分别以个人侧重的研究形式进行。一是随着文化产业的蓬勃发展，人们越来越意识到文化资源的丰富性与一个国家或地区的文化产业发展密切相关，尤其民族地区具有民族特色的文化产业发展，更是人们关注的热点。苗族东部方言区银饰产业发展不仅能产生可观的经济效益，还能实现苗族银饰存续与发展的良性循环，从而给其项目保护带来可持续性的长远发展。国外研究成果主要有英国学者尼古拉斯·塔普（Nicholas Tapp）的 *The Tribal Peoples of Southwest China：Chinese Views of The Other Within*（西南中国的部落民，2000），书中对苗族银饰的产业发展方式从人类学的角度出发做了相关阐述。二是区域苗族银饰文化产业研究，有美国的苗学专家路易莎·沙因（Louisa Schein）的《贵州苗族文化复兴的动力》（杨健吾译，《贵州民族研究》1992年第1期），文中对贵州苗族的文化传承进行了深入的剖析并提出了相关产业化的措施。他们的研究均在民族学、人类学等方面做了很多探索，但也存在一些问题：国外学者对于苗族银饰产业的早期研究多限于民俗、美学和人类学等单向度，与精英艺术相比，其研究始终处于边缘化状态。

2. 国内苗族文化产业创意发展研究

国内对于苗族银饰的产业化创意发展已有了初步成效，在商业市场及民间出现了银饰展演节会、银饰锻制竞赛等多种机关商业活动。但是，苗族银饰产业开发中的盲目滥用问题仍然存在，很多商贩只看重银饰背后的利润，利用其大搞噱头，献媚于民众，同时也不乏某些短期商业行为的以次充好、以假乱真和过度开发行为。对此，除政府的限制、监管及教育机制需进一步完善外，学术界也要做相应的引导研究。2016年贵州大学武其楠的硕士学位论文《贵州民族村寨文化旅游商品创新开发研究——以贵州施洞镇塘龙寨为例》，选取了贵州施洞镇塘龙寨为案例，通过对当地旅游业及其苗族传统银饰旅游商品发展现状的梳理与分析，探索把苗族银饰及其锻造技艺作为文化资源在当地社区参与下的产业化利用，以及当今文旅融合消费市场背景下的创新开发路径，以期能为广大民族地区的文化旅游创意产品生产及品牌的建设提供新的思路。李刚《旅游背景下大理银饰产业发展路径研究》（《大理大学学报》2018年第1期）一文就指出了在大理银饰产业的发展中，存在体验性差、品牌缺失、地域文化特征不明显、工艺技术不断粗糙化和退化、市场经营无序化等问题，而制定银饰行业地方标准、保护银饰工艺的文化生态、打造银饰文化创意产业园、构建银饰知名品牌和打造银饰产业"互联网＋"营销平台是大理银饰产业持续发展的关键，将有效推动大理旅游和银饰产业的融合发展。郭语、梁强、邓捷、杨青青的《旅游文化产业发展对民族特需用品的市场推广效用分析——以苗族银饰为例》（《辽宁经济》2018年第2期），阐述了苗族银饰是我国民族特需用品之一，正如大部分民族特需品一样，它受生产规模不集中、营销手段落后、尖端设计人才不足等因素的制约，导致缺乏竞争力，市场占有率低。该文通过分析经济数据，运用态势分析法（SWOT）等方式研究苗族银饰市场推广与旅游产业之间的联系，旨在更好地推广苗族银饰品，提高少数民族的生活质量，打造民族特色产品与品牌。

目前的相关研究论文主要有田爱华的《论苗族银饰文化产业的

创意与保护》（《民族论坛》2014 年第 4 期），该文阐述了苗族银饰文化资源是产业发展与创意的前提和基础，是彰显民族精神、传承民族文化和民族传统的重要载体，随着社会的变迁，苗族银饰需要创作者不断地开阔视野去适应现代审美创意及市场的需求，其文化产业创意与开发首先是民间艺术自身运动的变化使然，同时也是市场环境下理念、生产、传播、销售的连锁反应。将苗族银饰产业优势成功发挥还必须由政府牵头，从保护苗族银饰生存的大环境及民众的价值取向入手，在打造品牌效应、合理利用旅游经济开发上多做文章，从而实现可持续发展战略。要加大深入市场调查实践和科研工作的力度，积极思考，既要注意苗族银饰的原真性、完整性及发展性问题，又要考虑如何把苗族银饰纳入市场竞争机制和地方政府的管理机制，其介入不仅是对苗族银饰文化进行产业化发展方面的调查，还要提出适当的开发模式对其进行加工与包装。李守都的《关于雷山县苗族银饰产业的发展现状及对策研究》（《现代交际》2014 年第 8 期）一文指出，伴随整个银饰业的发展，雷山县苗族银饰产业也在其自身发展中出现了一系列问题，如从业人员文化素质不高，银饰产品的设计、研发能力较弱，银饰产品的营销渠道短、营销面窄、营销方式和手段少，缺乏真正的银饰品牌，以及政府规划建设的苗族银饰刺绣一条街成效不高，在苗族银饰发展的过程中一些银匠村如控拜、麻料、乌高等出现了空心村、土地荒芜现象等问题。针对以上这些问题，该文提出应从提高政府部门的规划引领职能、打造苗族银饰品牌、丰富营销手段和策略、加大人才培养和培训力度等方面来推进雷山县苗族银饰产业的发展。田爱华的《苗族银饰的保护与产业开发探索——以东部方言区苗族银饰为例》（《四川戏剧》2015 年第 4 期）一文，介绍了东部方言区的苗族银饰业长期以来一直处于单打独斗的传统个体发展状态，且产量偏低、市场混乱、鱼龙混杂的现象较为严重，无法满足苗族集聚区对银饰的需求，同时更是面临着传承的困境。因此，对它实施全方位的、有效的保护不仅能保持住优秀民族文化的持久性，而且将其发展成产业并将二者有机结合也能达到双赢的目的，从而更好地实现东部方言区银饰文化的发展与更新。郑泓灏、田爱华的《武陵山片区苗族银饰的文化产业开发探析》（《现代装饰》2016 年第 10 期）一文，介绍了武陵山片区的苗族银饰种类繁多，图案丰富，以其奇美的造型备受人们的喜爱，但随着时代的发展和人们生活观念的改变，适合苗族银饰生存的土壤日趋减少，为此必须要加强苗族银饰的生产性保护来实现其文化产业的开发，才能更好地重塑武陵山片区苗族银饰的经典形式，让苗族银饰传统的核心技艺永远体现在银饰产品中。杨东升的《凯里市区银饰产业面临的问题及对策》（《凯里学院学报》2017 年第 10 期）一文，介绍了改革开放以来，随着社会经济的快速发展，以银饰加工、销售为主要经济活动的银饰产业正成为民族地区脱贫致富的经济产业。凯里市作为黔东南苗族侗族自治州的首府所在地，是黔东南州少数民族银饰产业生产基地。近年来，由于国际银价波动，国内经济结构调整，以及民族地区银饰市场逐渐饱和与价值观念的转变，银饰产业发展也遇到了诸多问题。该文基于对凯里市区银饰产业的调查，揭示其问题所在，并提出解决问题的对策。王小波的《专利视域下的贵州银饰产业发展》（《知识经济》2017 年第 12 期）一文，介绍了贵州银饰种类繁多、工艺精湛，银饰业的发展存在较多有利的机会因素，发展空间较大，前景广阔，但也存在专利技术研发意识淡薄、专利权不稳定等短板。针对全国银饰产业激烈变化、严峻挑战，贵州省应主动利用专利制度提供的法律保护及其种种方便条件，采用增长型战略，发挥内部优势，利用外部机会，有效地保护贵州省的银饰产业健康稳定地发展。综上所述，越来越多学者开始关注到苗族银饰产业的现状问题并提出了各自的发展对策。但是，相关苗族银饰文化产业的研究著作与文章并不多，这就需要更多的学者、专家参与到相关课题的研究中，并对此展开全面深入的研究。

3. 从价值链、品牌建设等产业链研究苗族银饰的市场空间

田丽敏的《全球价值链与贵州苗族银饰产业国际竞争力》（《贵州民族研究》2010 年第 8 期）一文，介绍了贵州苗族银饰制造产业目前还处于全球价值链附加值最低端，竞争力非常弱；但在全球经济的浪潮下，随着少数民族地区的经济开放和技术进步，以民族文化和传统工艺为核心元素的苗族银饰产业将显现出巨大的国际竞争力。龙叶先《传统手工艺品品牌构建策略研究——以苗族银饰工艺品为例》（《贵阳学院学报（社会科学版）》2014 年第 1 期）一文指出，虽然苗族银饰蜚声海内外，但品牌缺失成为它在新时代中持续生存和发展创新的短板。建设品牌已经成为苗族银饰在新时代中继续生存和发展的必由之路。而苗族银饰的生产经营不仅是产品的经营，更是文化的经营，因此将文化研究和生产经营结合起来，将不同的生产者结合起来，形成"研产"联盟，使之成为苗族银饰品牌建设快速有效提升的策略。龙杰的《苗族银饰的内涵与开发初探》（《民族论坛》2007 年第 4 期）一文指出，苗族银饰市场存在混乱、张冠李戴现象，真假难辨；要正本清源，彰显特色，打造精品，构建产业是苗族银饰发展的必由之路。张晓《关于西江苗寨文化传承保护和旅游开发的思考——兼论文化保护与旅游开发的关系》（《贵州民族研究》2007 年第 3 期）一文，探讨了市场拓宽与品牌构建等关于苗族银饰持续生存和发展创新的途径。

4. 从民间美术产业文化大的框架去研究苗族银饰

吉首大学美术学院田爱华、郑泓灏著的《视觉传播与文化产业》

（吉林美术出版社，2017），对视觉传播、文化产业、艺术产业的概念内容进行系统的研究，再从工艺美术文化产业与视觉传播案例对苗族银饰的产业发展与工艺、苗族银饰的艺术与文化内涵、苗族银饰美学价值、苗族银饰的历史渊源进行研究。龙湘平著的《湘西民族工艺文化》（辽宁美术出版社，2007）一书涉及苗族银饰研究领域，例如在第二章"苗族服饰"第五部分"湘西苗族银饰类别"和第六章"田野调查"第五部分"湘西民间工艺现状调查"对此有所涉及；还有肖丰、陈晓娟、李会《民间美术与文化创意产业》（华中师范大学出版社，2012），刘昂《民间艺术产业开发研究》（首都经济贸易大学出版社，2012），以及龙叶先的《贵州传统手工艺品产业化问题及政策构想》（《民族论坛》2012年第8期）等文，都提到了传统手工业存在着组织松散、资金缺乏、竞争无序、技术落后、人才不足等问题，严重地制约了贵州传统手工艺品产业化的进一步发展，相应地，成立行业协会、改革金融机制、建设信息平台、采用新技术、多渠道培养人才等政策措施，成为贵州传统手工艺品进一步产业化发展的有效途径。还有李再黔硕士学位论文《贵州省黔东南州苗族服饰文化产业研究——以马克思主义文化观为视角》（昆明理工大学，2012）等，从民间美术与产业文化的互动关系开展苗族东部方言区银饰产业文化的探讨。从上述可见，学界对苗族银饰的关注主要集中在文化解读、价值研究、艺术分析、工艺介绍、工艺变迁与保护、源流考察等方面，在非遗文化语境下也曾谈到苗族银饰的产业发展，但较为零散，不构成系统，对于审视过去开发利用中出现的问题，建立相应市场化的评估、监测、规范等管理机制与收入分配体系仍缺乏正确的指导。关于苗族银饰在民间艺术产业开发中的具体方案涉及则更少，学界对于银饰产业的研究和构想相对于银饰市场的开发还较为滞后，并未形成成熟的建议与规划。

5. 苗族银饰文化产业实践研究

从理论视角再落实到苗族银饰市场推广的实际上，可以更进一步地了解行业的规范性。例如，侯天智、孙晴空的《旅游文化产业项目签约挂牌落户雷山》（《贵州政协报》2011 年 8 月 23 日）一文介绍了贵州省雷山县苗族银饰刺绣文化产业发展有限公司与贵州省台江县苗族银项圈旅游商品有限公司合作签约仪式及雷山天下西江传媒有限责任公司挂牌仪式同时在雷山举行，使该县招商引资实现重大突破，促进了雷山县苗族银饰刺绣文化产业的发展。曾祥慧发表的《贵州省地方标准〈地理标志产品黔东南苗族银饰〉〈地理标志产品黔东南苗族刺绣〉发布实施》（《原生态民族文化学刊》2012 年第 9 期）一文，报告了在贵州省质量技术监督局的指导下，黔东南州人民政府组织了黔东南州质量技术监督局、黔东南州民族研究所、凯里学院等单位的专家学者起草地方标准《地理标志产品黔东南苗族银饰》《地理标志产品黔东南苗族刺绣》，并于 2012 年 9 月 18 日批准发布实施。两项标准的制定是黔东南州"十二五"文化产业发展和标准化建设的重要任务，对黔东南州的民族文化保护、传承、创新、发展具有重大的现实意义和深远的历史意义。这些论述成果都是较为客观的，同时也有利于人们进一步地认识苗族银饰如何良性发展。

综观前人研究成果，在研究新时代银饰艺术及苗族文化下的银饰艺术价值导向和民族民间艺术精神呈现等问题的探讨上还有待深入。因此，本项目选题以发展苗族东部方言区银饰文化产业为出发点，适应苗汉文化的互动交流和民族文化生态旅游的可持续发展需求，对苗族银饰进行研究的选题具有一定程度的创新。

二　苗族银饰文化产业研究的现象分析

随着保护非物质文化遗产工作的展开，苗族银饰艺术也由 20 世纪七八十年代的萧条而逐渐活跃起来，特别是近 20 年来，随着各级政府的重视，民族节日的恢复，对苗族银饰的重视程度有所提升，苗族银饰得到了一定程度的保护和发展，但对它的重视和保护程度以及产业文化规模尚不及物质文化遗产，这种现象表现在以下几个方面。一是技艺传承代表人物即将失去传承能力，苗族银饰制作工业面临后继乏人的局面，年轻人由于受到现代文化的影响而不愿继续从事银饰锻制的行当，他们喜欢追求都市服饰的时髦与流行，而不愿再佩戴本民族传统银饰，所以很多有关苗族银饰的文化内涵和图案造型寓意也为年轻人所不知。二是苗族人口的流动使农业区逐渐消减，从而使苗族一些特有的传统节日失去了活动场合，特有的活动形式无法继续，使苗族银饰审美的展示严重受阻。现代化使一些传统文化形式的功能消失殆尽，难以吸引人参与，若没有政府的帮扶与旅游文化的引导，苗族银饰锻制技艺与文化面临消亡的危机。三是旅游业的商业目的剥夺了民族遗产的自然传承机会，使苗族银饰的审美文化正逐渐被同化，苗族银饰所生存的文化土壤即将失去，从而失去与本民族的联系。四是某些强制因素和人为因素使苗族人失去了对本民族优秀文化传统的自信心，从而导致银饰审美的发展受到很大局限。五是在一些边远的银饰锻制乡村，银匠艺人还存在着手艺只传给自己的子女，而不传给外姓人氏的传统思想，从而使苗族银匠的精湛技艺只局限于小部分传承，甚至还有些青年人因为与外界接触颇多，拓宽了视野，已经对锻制银饰不再感兴趣，不愿再向父辈学习，因而银饰审美文化与锻制技艺出现了传承的断层。

三 苗族银饰文化产业调查研究的背景和意义

苗族银饰作为西南少数民族典型的民族文化资源，是彰显民族精神、传承民族文化和延续民族智慧的血脉，在跌宕起伏的四百多年发展历程中它始终作为一种独特的艺术形式和民族象征根植于广大民众之中，并从不同侧面展示了民众的社会生活和民俗文化。同其他艺术形式相比，从某种程度上讲它既是一种价格不菲的奢侈品，又是与大众生活紧密相关的日常用品，充分体现了民众所追求的精神及审美理想。然而，随着我国从传统的农业社会向现代工业社会转型，人们的生产生活方式、价值观念发生了极大的改变，苗族银饰发展在 20 世纪 80 年代曾一度陷入低谷，苗族银饰艺术创新及锻制技艺出现了青黄不接的尴尬局面，银饰艺术的创作主体渐趋边缘化、老龄化，一些银饰锻制技艺的独门绝活正逐渐失传，苗族银饰的传统图案造型及文化内涵也无人知晓。进入 21 世纪后，国家为了更好地保护和利用非物质文化遗产，体现中华民族的生命力和创造力、增进民族团结和维护国家统一、增强民族自信心和凝聚力、促进社会主义精神文明建设，在 2006 年 5 月出台了《国务院关于加强文化遗产保护的通知》（国发〔2006〕18 号），将贵州省雷山县、湖南省凤凰县的苗族银饰锻制技艺列入第一批非物质文化遗产保护名录。2008 年，国家对民间艺术活跃、对当地经济文化繁荣发展产生影响的区县进行命名，湖南省凤凰县的山江镇被指定为"苗族银饰锻制技艺文化之乡"，贵州省雷山县的麻料、控拜、乌高、白高、乌杀五个苗族村寨也被誉为"中国苗族银饰之乡"。但是，时代在变化，苗族银饰行业也开始出现了急剧转型。当下，苗族银饰以商品化的模式开始蓬勃发展，在时下流行的生态旅游、休闲娱乐、服饰展演等方面，苗族银饰无不体现出这一符号特征下的民族韵味，甚至在苗族银饰佩戴的集聚地区还出现了出口创汇的现象。例如，近年来贵州省的"仰阿莎"民族工艺品有限责任公司的苗族银饰年生产总值已达 680 万元。该公司主要产品包括民族银饰、银质首饰、银质生活器具、银饰工艺画、银饰工艺品等五大系 300 多个品种，号称"中国最大的苗族纯银手工艺品供应商",并且在全球化的驱动下,一些国外的工艺品和旅游产品经销商也与"仰阿莎"签订了长期合同,有的以代加工的形式进行合作,有的则直接购买。

除了少数企业进行银饰生产外,市场上很多银饰都是以家庭为单位的个体作坊进行分散制作。可见在我国非物质文化遗产保护工作日益受到重视的背景下,苗族银饰重新受到世人的关注,同时也受到本民族专家学者的关注,不断有新的相关研究成果或论文推出。但是,苗族银饰的商品化转型和造型形式的不断变化也是客观存在的,如何保持住苗族银饰艺术的原真性和本民族自己的个性特点,如何做到去伪存真,摒除一些锌、白铜、镀银的夸张饰品,真实地还原苗族银饰的文化内涵和审美特性,还需要相关人员做大量艰苦的工作,特别是在现当代民族文化受到挤压的背景下,加强对苗族银饰文化内涵、艺术特色的正确解读和到苗族生活的真实情境里调查苗族银饰现存样态,还原出苗族银饰的真实面目,从而实现苗族银饰文化的发展与更新是非常有必要的。

苗族银饰的物化形态已开始走向世界,用银饰具体的艺术造型来阐释民族美学的抽象理论,从而引导银饰艺术走原生态的、本民族的发展道路,尽可能地避免苗族银饰为了一味迎合市场,追求利润而失掉民族文化的本真。① 生活在湘西及贵州东部地区的苗族支系在清朝"改土归流"之时就被划为"熟苗"而不断接受汉文化的影响和熏陶,因而银饰的造型大多精细小巧,图案具象而写实,文化寓意中也融入大量汉文化因子;中部苗族由于在历史上属于"化外""生苗",银饰图案则更注重本民族原始的审美理想,其造型大多稚拙夸张,图案抽象而自由,所以说在苗族历史上,不仅有生产生活

---

① 李国华:《以多元视角观照中国少数民族审美文化》,载彭修银主编《民族美学》第1辑,中国社会科学出版社,2012,第320页。

方式的巨大变化带来审美观念的变迁，即使在共同时空层面，同一民族的文化也具有多样性的特点，因此苗族银饰在具有豪放、阳刚风格的同时也不乏其阴柔、细腻的一面。

苗族银饰随着全球经济科技发展的浪潮兴起，在外来文化和生活方式的冲击下，苗族银饰的发展也不可避免地面临前所未有的严峻挑战，许多传统技能和图案造型创作后继乏人，面临失传消亡的危险，许多珍贵的极品、孤品银饰正被粗暴地使用而缺乏保护，技艺传承的困难，原生态银饰品的严重流失，市场需求量的减少都使苗族银饰风光不再，失去了原有的依托和活力，导致许多失去市场支撑而又缺乏开发潜力的苗族银饰传统技艺绝迹，深入开展本课题的研究就是要让苗族银饰制品的销售市场和生产厂家及个人适时进行有效的银饰新产品开发与销售，使银饰产品多样化，与新时代的消费时尚接轨，并借助市场的力量保护苗族银饰，因为创新性保护是探索苗族银饰传承与合理利用的有效途径，也是最具文化延续性和创造力的保护形式。课题所涉及的保护苗族银饰创新性开发并不是一味地适应市场需求而大规模批量生产，而是本着保护苗族银饰发展的思想，从保存苗族银饰原汁原味的指导思想出发，应用现代文化机制包装银饰产业，目的在于依靠现代文化机制的包装，在保护的基础上形成苗族银饰产业链，发展完善文化新机制。[1]

第四节　银饰艺术与苗族群体的依存关系

苗族银饰风格各异，形态万千，作为一种艺术文化现象，苗族

---

[1]　田特平、田茂军、陈启贵、石群勇：《湘西苗族银饰锻制技艺》，湖南师范大学出版社，2010，第154页。

人民的身体装饰除了不同款式的服装外就是银饰了，它是一个包括压片、锻打、錾刻、压模、拉丝、掐丝、编结、焊接、酸洗、抛光等工艺技术在内的有机系统，它的创作过程呈现出物质活动和精神活动相交融的双重特征。由于白银本身散发着纯白的光芒，加上久居深山的苗族人民认为银饰可以试毒防瘟疫，所以苗族对它的审美始终洋溢着一种浓郁的集团意识和原始宗教——巫术般的神秘魅力，银饰在苗族中世代相传，装饰着人们的生活，拨动人们的心弦，使不同时代、不同地域，不同文化传统的人们精神相交，心灵相撞。苗族将它作为真正的"为生产者本身需要创造的生产者的艺术"。它的创造者都是本民族以及少部分其他民族的民间艺人，它的欣赏者是乡村中的男女老少。生活唤醒了苗家人的感受能力，生活给了苗族人们热爱美、创造美的激情，生活及生产劳动成为银饰艺术创作的源泉。不仅银饰艺术在民间流传是生活的使然，银饰艺术的内容和形式也要服从民族的生活情感。苗族特殊的生活方式使得这一装饰艺术的形式沉积了许多历史的、民族的、社会的、习俗的、宗教的内容。

苗族的身体装饰艺术就明显地具备古代艺术（art）的特征，它包含着人工制作器物的一切技术。从人们的意识上看，纯粹艺术是较彻底的个人意识的表现，以个体表象为基础。而苗族银饰艺术则以集体表象为基础，直接反映人们的现实感情，尤其是明显地体现民族的集体感情意识。苗族银饰艺术是其民族集体意识的载体。

"没有需要，就没有生产"①。苗族银饰作为造物的艺术，以其完善的功能满足着苗族人的生活之需，用其有意味的形式及丰富的内涵满足着苗家人多方面的需要，同时苗族银饰自身亦因多方面多

---

① 《马克思恩格斯全集》，人民出版社，第 12 卷，1998，第 742 页。

层次的需要而得以延续。

不同支系的苗族民间所流行着银冠、银角、银花、银项圈、银手镯、银衣片等装饰要素的传统制作技艺。这些艺术品被苗家人当作一种特殊的文化媒介，作为素不相识或相识不深的男女青年进行交际的媒介物和婚丧嫁娶、迎来送往的必备礼品，在社会生活中发挥着重要作用，这也是他们承袭下来的风俗习惯。在婚姻习俗上，苗家人也有"父母之命，媒妁之言"的封建婚姻关系，青年男女的自由恋爱和自由婚配大多会被禁止。每年之中还有规模盛大的节日聚会，如芦笙节、踩花山、爬坡、龙船节、四月八、赶秋节，以及间隔时间稍长的鼓社节、接龙节、椎牛节等，充满了谈情说爱的色彩。苗家的节日聚会，人们往往都会用披挂满身的银饰、一针一线缝绣的服饰来装扮自己，把自己的全部装饰技艺作为一种财富和能力一齐展现出来，吸引男性青年。女性的这种盛装艺术具有很浓的求偶意味，也是苗族女性在社会交际中的一种礼仪。苗族的婚姻虽说有很大程度的自由，但亦有诸多不可逾越的鸿沟。[①] 例如，同宗不婚，即一个苗族氏族祖先的后代，不论隔多少代都不许开亲；姨表之间不婚；不同民族不婚；民族内部的各支系，习俗差异较大的也不通婚。这些禁忌划定了择偶的范围，配偶只能在同族、同支系的其他宗姓里去找。这些禁忌是维系民族生存的有效措施，同宗不婚，避免了近亲繁殖的危害；不与外族或一些外支系通婚，则是一种从观念上抵制同化的方法。但这些禁忌给苗族青年择偶造成了极大的不方便，苗族以村寨为单位的生活集团通常是在一个宗姓里面，在这样的单位内部禁止通婚，等于把熟识的男女青年排除在了择偶范围以外，而那些具备条件的对象一般是陌生人。苗族要在 100 多个

---

① 《民族问题五种丛书》云南省编辑委员会：《苗族社会历史调查》，民族出版社，1986，第 211~277 页。

支系中按照本民族许可的条件寻找配偶，非常需要鲜明可辨的识别标志。而苗族的女性穿着打扮就起到了标明族类、支系、生活习俗、语言同异的重要功能作用。①

自古以来，苗族银饰就在苗族社会具备了区别婚配对象的功能，苗族的男青年在择偶的时候往往也将银饰的多少作为自己审美的一个标准，因而在大多数情况下，银饰是用来装饰未婚女性的，清朝同治年间徐家干在《苗疆见闻录》中记载："（苗族）喜饰银器……其项圈之重，或竟多至百两。炫富争妍，自成风气。"而且银饰也是女性遗产继承的一种重要财富，所以苗族的父母在女孩一出生时就开始制作全套银饰盛装以备日后作为嫁妆馈赠予她。有一套华丽和昂贵的银饰盛装，姑娘就可以参加任何苗族的大型交友集会及表演活动，因此不仅姑娘心里满意，而且连同她的父母与家人，都会感到无比荣耀。在各种盛大的节日里，姑娘也会成为小伙子们关切的对象，正因为这种审美心理使然，苗族姑娘们也形成不惮形体之大、不烦种类之多、不嫌穿戴之重的装饰习俗。在黔东南，苗族姑娘的父母们也往往喜爱在姊妹节、芦笙场、鼓藏节等活动的场地公开、自豪、骄傲地装扮自己的女儿，一身银饰往往重量可达20多斤，银饰几乎覆盖了整个服装，银饰的装饰功能和审美特性甚至超过服装本来的意义。苗族银饰具有铠甲般的威武阳刚之美，不同的是，现在人们穿戴银装并不是为了在战场上拼搏，而是为了在歌舞场进行展示；由将士穿戴铠甲所展示的英武之美逐渐演变成了服饰装饰的身体审美，其穿戴盛装也就具有了这种明显的竞技意义，而节目集会更是显示技艺的大好时机。正如《苗族古歌》所唱："银子拿来打项圈，打银花来嵌银帽，金子拿来做钱花，银花拿来作头饰，银

---

① 杨昌国：《苗族服饰的人类学探索》，中央文献出版社，2007，第97~100页。

子多了打项圈，打造手镯姑娘戴，来到集市去赶场，美丽标志赛一方。"难怪苗家姑娘们乐意克服笨重装束给行动造成的不便，即使在炎炎夏日她们也甘愿牺牲少女的轻灵感，头戴银盔、颈戴项圈、手系银镯，把自己包裹在层层的银花衣中，跟着笙手或鼓手翩翩起舞，一本正经地任凭人们观赏、检阅，有如现代的时装展览。正是这种装饰习俗的竞技意义使得银饰艺术的创新创作突破了单纯地为生产而生产的传统意义，它不仅成为女性显示美、追求美、传递美的一种具有丰富社会内涵的媒介，同时也是男性显示其创作美、欣赏美、遵从美的品味格调。他们共同的目标都是为人生的重要转折——婚姻而做准备。婚俗使这种"生产"变得十分特殊，它固定在每个女性身上，充当女性走向婚姻生活的桥梁。它不仅是女性婚姻的媒介，亦是祖先认同的标志和女性传递财产的关键信物，所以苗族家庭才如此看重银饰的这种重要功能，并为其倾注情感和心血，不惜费工费时多年精制一套盛装银饰，而银匠师傅的制作技艺和审美方式一旦被市场认可后就开始依附在每个女性审美认识当中，从而银饰艺术的整套生产方式也就被固定了下来，不仅成为银匠谋生的另一种手段，同时也形成家族内生产技艺的沿袭与传承，从而不断发展下去。①

---

① 田爱华、郑泓灏：《视觉传播与文化产业》，吉林美术出版社，2017，第129～133页。

第二章　苗族银饰调研报告

第一节　黔东南雷山、台江实地调研

苗族银饰是具体而实在的民间艺术品，要实现苗族银饰美学的探索，分析界定苗族银饰的造型与各种文化内涵之间的联系，并从中推断演绎出苗族如何以银饰艺术为媒介来体现自身的美学意义，立足银饰个案考察，走入苗乡体验分析，进行民间采风调查是非常有必要的。笔者将这一研究工作放在了 2012～2014 年的寒暑假期间、课余、苗族民间重大节日进行的时候，以及由各省市地方政府、宣传部、民族事务委员会等举办的苗族银饰展演活动中开展。2013年 6 月中旬，笔者与课题组成员来到贵州省雷山县，访问银匠，解析银饰图案，参观博物馆，深入了解有关苗族银饰等方面的情况。雷山县位于贵州省东南部，与凯里、台江、榕江、丹寨四县（市）相邻。雷山县共辖 4 个镇、4 个乡、1 个民族乡，分别是丹江镇、西江镇、永乐镇、郎德镇、望丰乡、大塘乡、桃江乡、达地水族乡、方祥乡。雷山县少数民族人口有 12.33 万人，人口较多的少数民族有苗族、水族，其中苗族人口占总人口的 84.2%，雷山县为苗族聚居区之一，因此被誉为苗族文化中心。其三大传统手工艺中排在首位的就是苗族银饰的锻制技艺。近年来，雷山县委、县政府高度重视银饰产业发展，采取了一系列措施促进发展民族银饰产业，并于 2008 年投入 2600 万元在雷山县民族广场修建银饰加工、销售、展示一条街。还以西江、麻料、控拜等地为核心建起"中国银饰加工基地"，形成了以雷山为中心的西江、麻料、台江的银饰加工线格局。因此，雷山的苗族银饰加工业发展迅猛，从事银饰品加工的人数已达 1100 多人，年产量为 50 万件，年产值已逾 8000 万元，年销售额也达到了 5000 万元，银饰产业发展相当迅猛。为了深入苗疆寻找苗族银饰文化，课题组一行人到雷山老酒厂采访了雷山县西江镇控拜村著名银匠师傅杨光宾，他在 2007 年被评为国家级苗族银饰锻制技艺非物质文化遗产传承人，其作品多以錾刻为主，图案丰富而富有想象，形态夸张又不失细腻，其银饰作品"银马冠"还曾在 2009 年"天工艺苑百花杯"第十届中国工艺美术大师作品暨国际艺术精品博展会获得金奖。笔者就杨光宾师傅的锻制经历和他对苗族银饰的审美内涵的看法做了采访（见图 2 - 1）。

图 2 - 1　雷山县老酒厂采访银匠杨光宾　　郑泓灏摄

笔者：你是从什么时候开始学习制作银饰的？现在是家族的第几代传承人？做的图案都以哪些为主呢？

杨光宾：我 13 岁时便跟随父亲学习银饰锻制技艺，随后便成为家中唯一子承父业的人。现在已经是第 6 代了，在以前，除了农忙时回家务农外其余时间都在外乡以打银为生，数十年走遍了贵州雷山县的各个苗族村寨以及广西、湖南等地。目前，作为传承人，我不仅收授徒弟，而且还和我儿子杨昌杰在西江镇开了西江杨光宾银饰店。现代图案主要由他做，我做苗族传统图案的多一些，做的图案最多的是变形的动物图案，有鹡宇鸟、龙、凤、荷花、狮子、青蛙、苗族古歌中的姜央兄妹、鱼、蝴蝶、蜻蜓等等。

苗族起名特点：父辈名字的首音与儿子名字的尾音相同，如罗干——略罗——勇略——莫勇（杨正华）——你莫（杨文刚）——岩你（杨光宾）——红岩（杨昌杰）（见图 2－2）

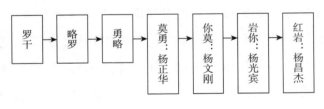

图 2－2

笔者：可以看看（你）最近新做的银饰物品（吗）？给我们讲讲你在做这些银饰品时的想法和审美理想，制作流程等。

杨光宾：好的，（杨师傅拿出自己制作的银饰作品）这款是龙、牛互换造型的雷山大银角，角的长、宽各为 80 厘米，立高为 66 厘米，银片最宽处有 14 厘米。角面錾刻有二龙戏珠、鱼和凤等吉祥物，两角尖置有小插头，可插羽毛和捆扎彩线，角中央有形似太阳放射光芒的银羽片，与银角形成一体，虽然银角有汉文化中二龙戏珠的审美元素，但我在龙身上刻上的不是龙鳞而是苗族古歌中的河水旋涡纹，龙须形似蝴蝶的触须，二龙的中间则是水泡纹样，龙的尾巴是鱼尾巴，龙头上长的是一对牛角。这是依据苗族古老神话传说中，各种动物都有互换的功能来创作的，整个龙纹你看是不是"似汉非汉，似苗非苗"？龙的周围还錾刻有鱼、鸟等浮雕图案，所以这是与汉文化的本质区别。还有鱼龙银衣片、鹡宇鸟与蝴蝶妈妈的银衣片，也都采用这样的创作理念。还有这个双狮抢球银锁，姜央兄妹在洪水中逃生的神话故事银片，每件银饰品的创作我都尽可能与苗族古歌的内容相关联，情节布置让它具有故事性和情节性，所以，我在创作银衣片时，尽量让它的造型自由变换且充满传说中的情形和场景。

笔者：可以给我们讲讲你制作银饰的过程吗？

杨光宾：好的，首先要把熔炼过的白银经过反复锤打制成薄片、银条或银丝，然后利用压、錾刻、镂等工艺，制作出需要的纹样，再焊接或编织成型。一件银饰需要经过近30道工序才能完成。其中最难把握的是錾刻与焊接。錾刻的掌握全凭手上的感觉，力度要均匀而讲究轻重、急缓，否则将可能造成某个局部熔化掉。所以说要经过长期的实践和经验的积累，（技艺）才能达到炉火纯青的地步。为了拉更细的丝，我曾用两根绣花针绑住将银丝从中间拉拔，拉出各种规格的银丝，目前拉出的银丝最细可达0.06毫米，拉出来的银丝必须光滑而粗细一致。

笔者：那你对自己做的银饰作品是怎样评价的呢？这些银饰有哪些文化内涵呢？

杨光宾：当然有的，比如背后中间最大的圆形银衣片（见图2-3），被称为"莫略"（苗语 mol niod），其图案中间为鹡宇鸟造型，鸟的身体为龙身鸟翅膀，下面有蝴蝶和水泡，周围一圈是孵了12年共孕育出的12种动物和一个叫姜央的苗族祖先形状，从而完整地阐

图 2-3　鹡宇鸟银衣片（杨光斌制作）　　　郑泓灏摄

述了蝴蝶妈妈与水泡产卵，鹡宇鸟孵化的神话故事。在银腰带上也有的。不仅如此，腰带下面还有密集的铃铛，其寓意又增加了繁衍、热闹、子孙多的深层含义，从而也回归到了苗族以繁衍生殖为审美认识的传统观念。除了具有浓郁故事叙述性的银饰作品外，还有很多动物虚构幻化的神性形状，例如这个单头双身龙银衣片，苗族称"伊勒扣握就则"（苗语 lb leib kob ob jox jid），就是龙的变异幻化造型，双身代表两只手的变异造型。而蝴蝶妈妈银衣片的触须长的是龙须，布满衣服空隙的银泡，苗族称"坡你"（苗语 Pob nix），主要缝制在衣袖上，小的一边 12 个，两边共 24 个；大的一边 9 个，两边共 18 个，非常讲究规则。衣角边的三角形银衣片有两个，方形的银衣片为 5 个，被称为"嘎都别"（苗语 gab du bie），其实水泡与苗族古歌中的故事也是相符合的，它喻示着苗族姑娘仰阿莎从水泡中诞生的神话故事。还有这款飞龙银锁（银压领），上为两个飞龙，我借用了汉文化中的二龙抢宝造型，因为银锁要锁住命脉，所以做得很大且图案明确，我在锻制银压领的时候更多地考虑美观、大方，其次还要注重其时尚性。对银饰的审美理解，人们多认为苗族银饰重、大、多，这放在施洞银饰上比较适合，施洞银饰是最繁杂的，审美似乎演变成了只是显示富有。相对来说，雷山是讲究穿戴规矩的，雷山以佩戴精品和佩戴讲究为美，并不是完全以多取胜。也就是说苗族银饰的造型虽然有相对固定的模式，但每件作品在设计理念和细节的处理上都有各自不同的变化。

笔者：你在创作银饰的时候创作素材来自哪里呢？银衣片的缝缀有规则和审美讲究吗？

杨光宾：我（的创作素材）一般通过观察物象和不断积累物象形状得来。另外，（我）也曾从苗族蜡染和刺绣中寻找灵感，从而将各种图案结合到一起，运用自己的技艺和表现手法，使制作出来的饰品与众不同。也就是在传统的基础上做一些创新风格的改变。比如，这个花了1个月制作完成的苗族银马冠（见图2-4），整个头饰由66朵荷花、51个花蕾吊穗、12个骑马武士、6只蝴蝶、6只"修妞"（苗族最大的神）、13只吉祥鸟、12条苗龙及正中央鹡宇鸟组合而成，这些图案我根据苗族古歌传说中的故事自己理解后加以创作的。另外，还有两套作品"苗龙系列"和"编丝手镯"在参加北京举行的2009年中国非物质文化遗产传统技艺大展时被中国艺术研究院收藏。正式盛装佩饰的美有一定规则：银角、马冠必须佩戴，胸前则戴麻花圈、泡圈、银压领各一个，背后连缀13个圆形、方形银衣片，上臂后侧连缀36个银泡；两只衣袖上缝24个小蝙蝠纹样，或者18个大蝙蝠纹样；前面衣服下摆为矩形、三角形银衣片8个，后面衣服下摆则是10个，另外还要配有11串响铃组成的银腰带，宽边手镯两个，这与施洞的佩戴银饰越多越好是有区别的。银衣片穿戴讲究，有人把13块银片认为是12生肖的标识，而中间大银牌则是鹈宇鸟孵蛋的适合纹样造型。在银片的排列上要尊重自然生态的组合形式，银片上端为蝴蝶、鸟的纹样，中间两边为麒麟滚球、单头双生龙以及飞龙等图案，下面为鱼、虫子纹样，背面衣边的银衣片则是花草、鸟、水泡的抽象图案，整个背面的布局是飞禽放在上端，瑞兽放在中间，水禽、植物与虫放在下面。遵循着自然空间的生存法则，整个衣背的银片遵循着左右对称的装饰布局。

图 2 - 4   银马冠（杨光宾制作）　　　郑泓灏摄

在对杨光宾的采访中，笔者不仅在他的工作室里看到了各种大小不一的锻制工具，还对银饰的审美规律有了进一步的理解，从杨光宾银饰作品中关于龙的图案造型可见其将龙演变成一般动物，这是与苗族万物平等的思想是分不开的，各种动物都可变成龙，如牛龙、猫龙、马龙、虫龙、蝶龙等等，而汉族受传统等级观念影响则不能随便把龙的符号绣在身上，这充分说明苗汉在审美文化上的差异。苗族银匠对自然的形象模拟体现了苗族人与自然的共生共在，同时也是各种文化符号与人的生活、思想、情感形成了良好生态关系的综合，其中所蕴含的崇尚自然、融于自然的理念通过这种类似自然的装饰实现与自然的沟通，它是一种情感的寄托，也是一种精

神的纽带。① 杨师傅于 2017 年新创作的银梳作品（见图 2 - 5）体现
了其对发展雷山苗族银饰艺术的执着精神与制作工艺的精益求精
（见图 2 - 6）。

图 2 - 5　雷山银梳（杨光宾制作）　　杨光宾供图

图 2 - 6　杨光宾现场演示苗族银饰制作技艺　　杨光宾供图

　　几天后，课题组到控拜村拜见另一个苗族银匠穆天才（见图
2 - 7）。穆家也是几代制作银饰的世家，穆天才师傅的侄子穆民辉是
雷山县的一位银匠新秀，他初中毕业后跟随父辈学习银饰加工技术，

---

① 何圣伦：《苗族服饰的生态美学意义阐释》，《贵州社会科学》2010 年第 9 期，第 31 页。

图 2 - 7　雷山银匠穆天才正在制作银饰　　郑泓灏摄

先后到过湖南、广西及榕江、台江、凯里、丹寨等地加工银饰品，目前在雷山县民族银饰创意中心从事民族银饰旅游商品研究与加工。其作品常以苗族人心目中神圣的铜鼓为造型构思，擅长银饰器皿的制作。穆氏叔侄在雷山县城共同经营了银饰商店，生意甚为红火。笔者见了穆天才师傅锻制的银饰作品，有着很多与杨光宾不一样的地方，比如有很多小巧而精致的小件银饰品就很值得玩味，如穆师傅所做的胸前"寿"字形银配饰。"寿"字被变成字形图案，苗语称"给喔塞"（苗语 geeb ob seif），也有人称其为"知了"，实为"寿"字图像。上面錾刻满了密集而规律的小点，穆师傅解释说这指的是河边的一种虫子，吃下去会治疗肚子痛，从字的形状与虫子的结合引申出的这层含义被苗族人民广泛认同，苗族人在穿便装时通常将"寿"字形银配饰戴在胸前。穆氏叔侄还分别介绍了不同地区苗族银饰的不同佩戴方法及区别，如银衣牌的佩戴方式，在大塘、桃江与清江苗族穿戴都差不多，属于短裙苗，短裙苗的银衣牌通常钉在胸前。而银马冠从外形看虽然差不多，但还是有很多细微的差别，短裙苗银帽顶荷花较大、无边丝，其银帽下的吊坠有 72 个，起到点缀的作用，具有动感，能发出声音。人骑马图案是 12 个，小一点为 8 个，中型为 10 个，而且短裙苗不戴项圈，这些细节是短裙苗与西江等地黑苗的大致差别，但现在都趋向于一致了，针对穆师傅叔侄所阐述的内容，笔者对他们制作银饰的具体情况和审美认识做了一些了解和访谈。

笔者： 你们从什么时候开始打银饰？银饰的需求发展情况怎样？你们打真银多还是代替品多呢？一般重量在多少？

穆氏叔侄： （20世纪）70年代政府不让私自打银，只能偷偷打。80年代也不让摆地摊，以前走家窜寨去打银，我们是真银和代替品都做，看顾客的需求，一般打银角有用代替品做的，西江型是很大的，通常在1.5斤重，价格则是每克75元，一个星期可以完成。银角按传统习俗为守家用的，不送婆家。银马冠在1斤或1.8斤左右，纯银的要重一点，（总）价格要12000元，由于价格高所以雷山很多地区也普遍用白铜打。小孩银帽上的菩萨是必打的图案之一，因为它寓意着吉祥，所以普遍要求在9~11个不等，等孩子长大后传给下一代或重新打成别的东西。打银加工费是：工艺简单的1元1克，工艺复杂的2.5元1克。

笔者： 银饰打出来连缀在服装上有什么审美讲究？

穆氏叔侄： 讲究很多，衣服背后是必须缝缀13块银牌，喻示着苗族13年一次的鼓藏节，还有说喻示着12个生肖动物和人类祖先姜央，以中间的为最大，依次左右对称排放。银牌摆放也有规矩，有蝴蝶或龙图案的银牌放在上面，狮子、麒麟等动物图案放在中间，鱼纹图案放在下面，一般按照大自然规律来排放。银泡排放也有规律，后肩、上臂缝缀有30~36个银泡，而且衣袖上钉的银牌都是圆形的，如若钉成方形或其他形状就会被别人笑话，被认为不美。

笔者： 能不能看一下你做的银饰成品，了解一下上面的图案？

穆氏叔侄： 可以的，这是我曾经做的一支银梳（见图2-8），外面是银皮，里面是桃木，银梳边上用乳钉纹样装饰，乳钉一般是在银梳的一个侧面和背脊进行安置，必须排列 10～12 个不等；银梳的另一侧是飞龙和鸟的图纹，都是用錾刻工艺打出来的，这个比较简单点，而乳钉上面的錾刻就复杂点，因为银皮较薄，稍不注意就会刻穿，这上面的图案是虫子、树叶以及水涡形等简单纹样，一般围着锥形乳钉做放射状排列。图案有些抽象，不说的话基本认不出来，因为锥形乳钉上面面积太小了，留给我们发挥的余地不多，做具象图案比较困难，所以多是以抽象为主。总之，苗族银饰上面的纹样都要求尽量做满，不留太多空隙，留了空隙就呆板，不美，不圆满。

图 2-8　乳钉银梳（穆天才制作）　　郑泓灏摄

笔者：目前雷山地区的银匠估计有多少户？他们打的银饰跟过去有些什么变化吗？

穆氏叔侄：雷山地区的银匠多集中在我们控拜村，在雷山的麻料村、乌高村、乌杀村也有，其他地区就比较零星。2005 年时，据说控拜村还有 200 多人家做，原来是家家户户都做银饰，但由于很多银匠走出村子上外地打去了，现在留在村里的也不多了，我们叔侄出来做都有 10 年了。目前，仍在村里打的恐怕只有两三户人家，而从控拜到雷山的银匠有二三十户，凯里四五十户，丹寨、广西都有控拜的银匠，黔西南一县有一两家，其银饰制作（技艺）也是从控拜村这里（传）过去（的）。他们都按当地的样式去打，不同地域有其样式规定，其花纹是可以变化的。我打的银饰创新不多，主要是没时间搞，订单多了，顾客要求做成什么样就什么样，主要看他们的喜好，但到凯里市可能就不一样了，凯里银饰是流水线加工。那里的创新工艺品是比较多的，有大型的银饰加工厂，有专业的设计人员，所以银饰纹饰随意创造性强一些。我们打银饰用的银砖都是从凯里进货的，一块20多斤，在打磨的过程有损耗，一小块5斤多一点，需1万多元。我们一般一进就是两吨左右。

这些调查工作让笔者认识到了苗族银饰的审美规律及地区发展状况，可以说，由于人们生活观念的改变，经济水平的提高，银饰的市场需求量在大幅度增加，同时也规范了人们的审美行为。

通过西江之行，笔者又认识了西江千户苗寨的国家级工艺美术大师，著名的麻料银匠师傅李光雄（见图2-9），李师傅向我们介绍，目前西江千户苗寨所开的银饰商店有上百家，银匠人数中来自麻料的有180户，来自控拜的有300户。李师傅的银饰店在西江也是小有名气，他说他原来是做苗族传统的银饰款式，但在西江千户苗寨这个旅游地区开了店后，就开始银饰图案的创新研制，创新最多的是手镯纹样。李师傅认为在西江这个旅游地区做银饰，传统图

图2-9　在西江采访麻料银匠师傅李光雄　　郑泓灏摄

案要走市场化很难，很多银匠还是比较尊重传统的，往往取传统文化的某一个形象去展开创作，基本上是怎么组合美观就怎么做，设计及创意、审美都比较自由，风格不拘一格，只要符合多数人的审美习惯就可以了，所以有些苗族图案基本不做了。在制作过程中除了少部分用机器加工外，苗族银饰的传统手工锻制技法依旧保留，现在店里大部分是具有现代感的纯银首饰。笔者也曾问李师傅，在西江到底有多少像他这样不断进行创新创作的银匠，李师傅告诉我们："目前90%的银匠已抛弃了传统的方式，只有50岁以上的银匠才会做苗族传统的图案式样，且按最传统的工序来做。"课题组成员认为，既然这样，那么西江的银饰产品不是与大都市中百货商场的老凤祥、信德缘、老银匠、瑞红、JUST US、熊银匠以及国际银饰品牌海盗船没有区别了吗？通过李师傅对这个问题的解释，大家有所了解，首先，设计理念就不同，西江的银饰有苗族传统文化的影子，有传统的苗族图案审美模式，同时更是保留了传统的手工锻制技术，西江银匠对传统的改良，是以苗族文化底蕴为支撑，融合现代人的消费及审美观念，将苗族银饰审美文化与现代审美习惯相结合，从而推向市场，现代附带传统，以达到双赢的目的。笔者也注意到，为了适时宣传苗族文化，每个银饰店都摆放着一两件银匠亲手锻制的、硕大而精美的传统苗族银饰物品，作为"镇店之宝"，这不仅仅向人们展示了苗族本身的审美喜好和收藏传统文化的精神，同时还向世人展示了苗族审美视角的独特性。

雷山之行让课题组全面了解了该地区的丹江镇、西江镇、永乐镇、朗德镇以及大塘乡、桃江乡等地的苗族银饰的造型形式，同时还区分了黑苗、长裙苗、短裙苗在银饰佩戴中的各种讲究和要求，了解了由传统苗族银饰向现代审美规律转型的良好发展趋势，这对更好地分析苗族银饰审美的现代性发展有着重要的作用。结束了为期 10 天的凯里、雷山的行程后，笔者又开始对另一个重要的苗族集聚地进行田野调研工作。贵州省台江县是一个苗族集聚大县，台江县共辖 3 个镇，即台拱镇、施洞镇、革东镇和 6 个乡，即南宫乡、排羊乡、台盘乡、革一乡、老屯乡、方召乡。全县人口为 16.72 万人，其中苗族人口最多，占总人口的 98% 以上，所以台江县又有"天下苗族第一县"的称号。施洞镇就是以苗族为主要民族的少数民族聚居地，位于清水江中游地段。施洞清江苗的银饰是苗族银饰中最为华丽和富有特色的，妇女在盛装时的银饰多达 30～40 件，重达 10～20 斤，从头冠、项饰、银衣到手镯、耳环，应有尽有。随着施洞苗家人步入小康的步伐越来越快，银饰的整体风格正日益向审美性、装饰性发展，"装饰化"的审美意识正改变着施洞银匠的思维方式。在台江县，笔者采访到了来自施洞镇的银匠吴国祥（见图 2－10），吴国祥目前是凯里州级非物质文化遗产传承人，他在台江县集市边上的银饰商品苗族姊妹街开了一个银饰店，店铺不算大也不算小，但里面从装饰家庭的银画到富有吉祥含义的礼品以及苗族盛装上的银饰，无一不有。走进店铺笔者注意到，店里的工作人员不是吴国祥的本家就是妻家的亲戚，算是典型的家族企业了。一般情况下，他们都是夫妻一起做银饰加工，吴师傅做拉丝、编丝，编银画外轮廓，妻子则编花、叶、枝等里里外外的细微处。吴师傅打造的银饰品具有装饰风格的银画非常多，有的图案仅用直径为几毫米的细银丝勾画而成，极富有中国画的白描韵味；有的作品又是在银片上雕錾结合，具有绘画中的块面效果。他的作品十二生肖极具图案构成意味，非常生动。在 2009 年多彩贵州"两赛一会"全省总决赛中，他的银画作品《门神》（见图 2－11）获得了特等奖。笔者对吴师傅的银饰创作经历及审美认识做了调查采访。

图 2 – 10   在台江县姊妹街采访施洞银匠吴国祥   郑泓灏摄

图 2 – 11   《门神》银画（吴国祥作品）   郑泓灏摄

笔者：你是从什么时候开始做银饰的？你的银饰创作以哪个地区的风格和审美为主？常做的有哪些图案造型？

吴国祥：自己是第 9 代传承了，祖辈都是做银饰锻制的。弟弟吴国武也是银匠，他 2007 年开始做，现在在施洞镇。我也是 2007 年开始独立做，以前只是帮父亲忙，1997 年结婚后开始自己独立做。我的银饰图案和审美方式以施洞为主，常打的物件有银项圈，银马冠，银衣片等，小件银饰品也打。目前，有些作品已经偏向现代人的审美观念了，传统苗族人喜欢的图案有订单了都打，以龙、凤、蝴蝶、鸟等图案为主。原来银角很简单，图案打好再焊上去，现在越来越讲究了，一般施洞戴两个，头顶上还要两边插银花，银梳插后面。银花上还打上一种在八、九月份叫声好听的两种虫子（的图案），螳螂通常与蝴蝶配在一起，梳子的银花上有螳螂等虫子图案。

笔者：那么施洞镇的银饰佩戴形式是怎样的呢？都分别有哪些典型的图案呢？如果整套配齐的话有多重？在什么场合下戴得比较多？

吴国祥：施洞的银饰是很多的，比其他任何地方都多，一整套银饰配齐起码要6万～8万元。一般为头上一个银马带，也称马花圈，马花圈两边各配7个人骑马浮雕图案，两边共14个。马花圈下面吊坠的原型为金樱子果实造型，果实边上刻水纹，作为银马带的装饰物，果实为中空，一个人骑马浮雕银牌上挂4个吊坠，4个银牌一般是共60个吊坠。一个马花圈有2斤多重，人骑马（马带）中有小圆镜，称为龙宝，项圈（银压领）1.2斤；银链3～5斤，最大的9斤。手镯4～5对，花样最多，1斤重的为空心，1.5斤为实心，也有0.7斤（空心）一个手镯的。银衣片、银泡、银吊坠共4斤；戒指戴8个共1两，8克一个；耳环不重，小的原来重0.5～0.8克。另外，施洞银角与雷山不同，银角上各有一个小镜子，上刻二龙抢宝，两个共5斤；银角顶上两边像太阳的叫风火轮，银角中间四根银片顶端是蝴蝶。银帽由四根凤尾组成，中为大凤凰，分为前后两层，需要将头发绾到头顶才能戴，银饰整套有18～20斤，没加银链的要轻一些，是12斤。项链造型是玉米花形状，在边寨还有8字链形状的，链子苗语被称为"粗泡"（cud pob），一般为中年人戴。银泡共 500 个。银衣片中的配备是大片 12 块、中片 14 块、小片 14 块，共 40 块；老的银衣片为圆形，大片 14 块、小片 12 块；新的银衣片，全为方形共 14 块。银帽有 1.8 斤，马带 8 两，共 3 斤左右。另外，银帽有 50 朵银花，银鸟背上还有一只小鸟。银饰服饰一般在姊妹节万人踩鼓场上佩戴，服装是一天穿蓝色，一天穿红色，衣服 1 万~2 万元一件，一只手戴 4~5 个银手镯，两只手戴 8~10 个银手镯。还有就是在结婚的时候佩戴，婚后银饰放娘家，等老人过世再拿回。如果家里姑娘多，几个人共同分整套银饰，主要按重量分，分多分少只差一点点而已。银角在女方进男方家时都要取下来，以免银角冲撞了夫家的财运。结婚时佩戴是很浓重的，一般整套全部戴上，以至于新娘进门的时候都不能正常进门，需要众人抬着进屋。

笔者：那你对自己做的银饰都还满意吗？施洞银饰的审美观念你个人认为如何？

吴国祥：我高中毕业就开始做银饰，到现在已经 20 年了，锻制技术是很熟练的。我现在做银饰一般不打草稿，想到什么就打制什么，图案再怎么变都有它的规律性，所以不用担心打成什么样，就有随意创作的意思。台江银饰市场的竞争很大，所以银饰的花样图案只有越做越精、越做越好才能受人欢迎，为了创新，我尝试着錾刻青蛙、各种各样的鸟、虫子、螳螂等动物图案，每做新花样的时候都要慎重考虑，因为总是重复老样式是没有看头的。至于审美观念我们是只管做不管其他，但就我个人做银饰的经验（而言），我认为施洞地区是这样的：第一，我们民间有个概念，就是要么就穿（戴）真银的，要越多越好，纯银饰品才是最美的，不用代用品。宁可没有纯银而不戴，不去踩鼓场，也好过戴假的，不然会被人家笑话。第二，我们家乡女孩子在戴银饰时不能露头发，以露头发为耻，所以包头不露头发被认为是美的，戴项圈则要遮住嘴巴鼻子才是美的，认为银饰堆到嘴巴边就算齐了，圆满了。第三，从古时候传下来的戴银饰的习俗，作为姑娘，就应该用银饰装饰才会美。

从吴国祥师傅非常质朴、浅显的审美认识里面，笔者深刻地体会到，苗族银饰是属于大众的审美文化，在银匠看来，对于银饰的审美活动和艺术创造是出自本能的欲望和性情流露，对于银饰的创作及审美并非他们对客观现实的真实再现而获得多么高的思想意义和艺术感染，而是由于他们不断地或有意无意地以经过能动改造而升华的象征性的形式。①

课题组结束了在台江县县城的采访，来到了台江县的施洞镇，在施洞镇采访相对方便简单，因为施洞是苗族文化的发源地，施洞苗族被称为"蒙"，这里是苗族银饰锻制的主要集中地，镇上包括偏寨、塘龙、塘坝、芳寨、杆子坪等村寨，全镇占地面积108平方公里，总人口为15172人，其中苗族占总人口的98%，是贵州省黔东南州苗族人口高度集聚之镇。当地人称施洞为"展响"，意思是贸易集市，由此不难想象这里商业的发达。今天的施洞虽然已不像清代那时候繁华，但仍能看到物资集散的繁荣局面，施洞的银匠集中在塘龙和塘坝两村，共有70余户，其次是芳寨，有6户，偏寨、杨家寨、白子坪分别两户。对于创作苗族银饰，每个银匠都有自己独特和拿手的图案造型。笔者也想从不同的银匠师傅那里了解到每个银匠的艺术创作风格，进而从不同角度分析不同特色的银饰审美。首先，笔者来到了芳寨，找到了曾在2006年11月被评为贵州省十大民间工艺美术大师（全贵州只有一个）的刘永贵师傅（见图2-12），刘师傅曾在2007年参与清华大学美术学院非物质文化保护项目。目前，他的女儿刘祝英也帮他一起做银

---

① 〔奥〕西格蒙德·弗洛伊德：《弗洛伊德论美文选》，张唤译，知识出版社，1987。

饰。刘师傅的花丝工艺是最拿手的，刘师傅还亲自解说并演示了花丝工艺的锻制方法，笔者仔细地观察了他为女儿锻制的龙项圈，并对此进行了详细了解。

图 2-12 施洞镇芳寨采访银匠刘永贵 郑泓灏摄

笔者：刘师傅，我看你做的这个龙项圈很精美，整个龙的图案活灵活现，可不可以给我们解读这些图案的造型以及它的演变，还有你的创作过程？

刘永贵：我的这个项圈是为女儿做的，以錾刻、镂空和花丝工艺为主。两条龙从整体来看是对称的，但具体到每个细节，都有着细微的差别，你可以看到每个龙鳞的花样都不一样，龙身中间还刻有小鱼，我的加工手法是半立体浮雕和透雕相结合使用，二龙中间的银珠是可以活动的立体形态。项圈下面的吊坠均用双片银皮錾刻而成，图案纹饰都是双面的，而且每个图案都不一样；下坠24条不同图案的吊坠，吊坠上的图案有玉米、鸟、青蛙、娃娃以及瓜子片等等，可以说这个龙项圈目前是施洞地区最精细、图案最复杂的了，图案样式都是祖传的。做龙项圈的出发点则是怎么美就怎么做，没有考虑太多的苗族文化内涵等其他因素。我父亲那时候做的龙项圈没有下面的繁密吊坠，（20世纪）70年代才开始有项圈吊坠。以前只有项圈，没那么好看，下坠的小银片是瓜子图形，上面刻有虫子（图案），项圈重1.2斤，费时一个多月才完成。还有，我不久前锻制的银角图案，大银角主体为半弧形，半弧中均匀分布四根高出两端的银片，主纹为对称的二龙戏珠，内嵌一小圆镜作为珠子，辅纹为凤飞翔蝶，同主架焊接在一起，呈两层状；半弧形银片上錾刻着鸟、鱼、旋涡等图案，两根半弧银片顶端焊有太阳花纹（也称葵花纹）；中间四根银片顶端则是四只展翅欲飞的蝴蝶。小银角则是四根银片，上面也是双龙戏珠图案，珠旁做了一圈芸纹，有3个人骑麒麟，还有凤凰牡丹等图案；除此外还有3只螳螂，银片顶端也是凤凰图案。两个银角图案内容稍有区别，但制作工艺都是一样的，以花丝工艺为主，以动物纹（样）居多，还有少量的植物纹样，凤凰口和蝴蝶上吊的是瓜子片吊坠，上面我刻上了虫子形状，整个银角面图案我认为也是简单的。我们施洞的银角较少体现苗族古歌中的内容，但汉文化中的龙凤呈祥、花开富贵等寓意在银角上（体现）最多，我们对汉族和苗族的银饰图案（设计）并没有按照固定形式去做，只要符合大多数人的审美习惯就行了。

笔者：那你做传统银饰多还是做现代一点的多呢？做大件的饰品吗？小件的银饰做得多吗？

刘永贵：我一般做苗族传统图案多一些，因为施洞只喜欢传统苗族银饰，现代银饰款式都是卖给外地人的，我在做银饰时，除了祖宗传下来的基本造型不变外，里面的图案都可以自由发挥，我们一般做纯银饰品，锌白铜镀银在施洞是不存在的，如果戴假的别人会笑话，小件银饰品我做得多，比如这个蜻蜓银簪（见图2-13）、蝴蝶银簪，还有这个龙头银簪，都是我平时闲暇时候做的。还有这条银鱼（见图2-14），是我边想边做的，因为还没想好，所以还没最后完成，我打算把它做成装饰品，鱼身的每一节都是可以活动的。大件的银饰现在做得也多的，你看这件银子衣服（刘师傅翻开由清华大学图书馆馆长唐绪祥编写的《银饰珍赏志》），上面的银牌就是我的作品，现在被贵州省博物馆的吴仕忠老师收藏进博物馆了。

图 2－13　蜻蜓银簪（刘永贵制作）　　郑泓灏摄

图 2－14　银鱼（刘永贵制作）　　郑泓灏摄

笔者：你的银角冠做得这么细致精美，价值不菲吧，购买的人多吗？

刘永贵：我们施洞很看重银饰，买的人很多的，还有好多人到我这儿定做呢，施洞还是有很多人经济条件比较好的，有一定的经济实力，买其他不一定舍得，但买银饰是必需的。

正因为有一定的经济基础作为银饰审美的支撑，所以反映在银角质料和图案上才会是纯正而精致。可想而知，随着人们审美认识的提高，银饰每个时期甚至是每年都会发生很多变化，图案造型不断地花样翻新，以适应新的市场需要。

离开刘永贵师傅家，笔者来到塘龙村。一进入村子，笔者就听见各家各户叮叮当当的敲打声响，塘龙的银匠最为集中，几乎家家在做，我们首先到吴智家里，吴师傅目前在上海工艺美术职业学院工艺美术研究中心做银饰锻制技艺的传授，他的孙子吴国荣（见图2－15）及孙媳都在家里加工银饰。吴国荣和吴国祥是堂兄弟，而吴国荣则多是在家里做，擅长做苗族传统的银饰，錾刻方形银衣片是他的拿手绝活。吴国荣告诉笔者，他从小边上学边学着做，现在是独立做银饰，父亲时而会提醒他怎样做才美，怎样做不美，也就是要规范其对美的认识。吴国荣所錾刻的银衣一般先用铜模压，一次两到三块银皮一起压，然后再按照审美习惯去刻。压银皮时通常一敲两三片，银片间用纸垫。一般以铜模具为主，也有用铅模的，铅模是在铜模基础上翻出的阴阳模，需要再翻做，目前有十几家都是用铅模在做。铜模的图案有龙、鹿、麒麟、狮子、猴、鱼以及各种植物等等。吴国荣在錾刻银衣片时都是按照自己既定的审美原则去刻，他认为银片的边角没有图案的地方就不美，太空，在这种情况下他一般要按照自己的想法在铜模没压出的地方进行二次加工，直到整个银衣片全部布满图案为止（见图2－16）。

图 2 - 15　在施洞镇塘龙村采访银匠吴国荣　　郑泓灏摄

图 2 - 16　银衣片雏形（吴国荣制作）　　郑泓灏摄

　　吴智师傅负责做银角和银饰最后的修剪处理，他做的银角图案有麒麟、飞龙等造型，湖南省张家界市曾聘请吴智一年去做银饰加工，吴智师傅做东西要求必须很精细，不好的重做，他从不要数量，只要质量。吴智师傅还说，锻制银饰技艺在以前是传男不传女，也不传外姓，且以前只有三家做，现在不同了，女儿、儿媳也可以跟着做。现在，家里做银饰也是流水线加工，妻子负责银饰成品的酸洗工作，女儿、儿媳专做编结一类的工作，儿子主要做锻制、拉片，孙子、孙媳则做錾刻、压模等工作，而拉丝则是直接从外面进货或请人代做，有着鲜明的民间工艺美术产业化的加工特点。

课题组在塘龙看到塘龙唯一的杨姓银匠杨正贵（见图 2 – 17）在巷边做银铃铛，这也是他的专项。他的铃铛通常是几十个一起做，铃铛里面放一小银片，焊接后用来固定挂件，几十个铃铛大小一样，为小孩做的铃铛小一点，铃铛外壳先用机器做，再用焊枪焊接。杨正贵说，铃铛数量是衣服 50 个，银圈 35 个，银泡 500 个。他的同母异父的弟弟吴军专做压皮、拉丝。家里有大小压皮机器五六台，银片厚度用游标卡尺量，一般在 15 ~ 25 丝之间，用 20 号拉丝板来拉。笔者在他的作坊观察拉丝的整个过程，

图 2 – 17　塘龙银匠杨正贵在做银泡
郑泓灏摄

拉丝要加油；出丝变黑，再用火烧变黄，烧红；冷却后（不要太冷）再从粗到细一遍遍拉，接丝的时候点银粉，再用火烧，这样就看不到痕迹。吴军还介绍说，深圳的银料比湖南便宜，施洞银匠一般会从深圳进货，1 公斤 4500 元，即 2250 元一斤，吴军进价 2100 元一斤，批发价 2.25 元/克，市场价 4.3 元/克。

随后，课题组来到著名银匠吴水根家里（见图 2 – 18），吴水根师傅是 2012 年国家级第四批非物质文化遗产传承人，贵州省的第二批非遗传承人，也是州级非物质文化遗产传承人，吴水根做苗族银饰已有 30 年，初中毕业的时候，也就是 1983 年就开始做银饰了。刚开始加工银饰时父亲不准做，但自己很有兴趣，到自己这一代，已是家族传承的第五代了。吴水根说，塘龙村以前只有一两家做苗

族银饰的，清水江经过洞庭湖，当地人伐木顺水到外地，换银子回来后加工成银饰做陪嫁用，（20世纪）70年代政府不允许打银饰，于是吴水根的父亲只有在晚上偷偷打银。到80年代时已有七八家，现在有50家70户，好多人留在本地打，也有到凯里和台江做的，他们都有了很多改良的思想了。笔者请吴水根师傅就苗族银饰的文化象征寓意和审美观念做一些介绍，同时也希望以此分析不同银匠对银饰审美的解读。

图2－18　在塘龙采访银匠吴水根　　郑泓灏摄

笔者：施洞是清水江边上的一个重要集镇，（民间）历来非常重视银饰的佩戴和制作，施洞的银饰是从什么时候开始流行的，你对银饰的美有哪些认识呢？

吴水根：这得根据顾客的需求来定，他们认为美的方面，我们会按照意思去做，但我也可以在锻制中融入自己的审美理想，施洞在20世纪80年代以前银饰种类很少。80年代后人们生活开始逐渐富裕起来了，很多人做生意，有钱了就买银子，而且认为银饰装饰要越多越好且越美，连项圈都要戴两三个，直到遮住嘴鼻，也有比富心理。而且只要银子的，戴白铜装饰品都不好意思，老人都有这种观念，假的就是不美的，假银饰都是从其他地方来的。

笔者：能就你所锻制的银饰物品给我们谈谈它的文化寓意吗？这么多银饰与苗族古歌关系大吗？

吴水根：我做的这个小银角，它是戴在大银角后面的，形象很像犁耙、钉耙或猪八戒的武器，其实它是农活和农具的象征，苗语叫钉耙为"丁萨"（苗语 diang bsak），所以后面的银角称为"萨你"（苗语 sak nix）；"萨"是耙的意思，"你"是银的意思。前面的大银角为水牛角加凤尾，两边银羽片为水牛牛角，苗语称"嘎你"（苗语 gab nix）。有人说前面中间为 4 个凤尾，两边的翅膀代表龙凤，也有说是枫树叶或树枝、牛角或牛毛的。银片上焊接有枫树、蝴蝶等图案，银片顶端为葵花（也称太阳花），银角顶上还有蝴蝶图案，苗语称"干巴诺"（苗语 gangb bak lief），其余图案有龙、凤、螳螂、蜻蜓等。大银角和小银角是用一根长约 15 公分（厘米）的龙头银簪簪住，再用两根长 20 厘米左右的银千脚虫将小银角围起。在苗族传统手工艺中，施洞（银匠）最擅长的就是编丝、花丝工艺。我打的银饰作品中有关苗族古歌的内容还（是）有很多的，我一般做苗族传统银饰，目的是要满足施洞地区人家的购买需要，施洞的苗族人还是认为传统的苗族古歌中的图案是最美的，其他自由糅合的图案他们不会喜欢。所以我做了一幅银画（见图 2-19），就是围绕蝴蝶

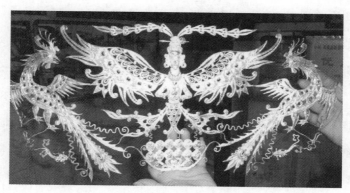

图 2-19　蝴蝶妈妈银画（吴水根制作）　　　郑泓灏摄

妈妈诞生的苗族神话传说展开的，就是蝴蝶妈妈与鹈宇鸟结合→变成虫→水上出来变蜻蜓这个连贯性的故事组合。

笔者：小件的银饰物品也有诸多的文化寓意吗？你每做一件银饰品都是有一定目的和一定的图案依据吗？如果总这样想，会不会束缚了艺术创作思维的发挥呢？

吴水根：小件物品也是有的，例如银冠上的吊坠，我把它做成小棱锥形，这其实是模仿金樱子果实的形状，苗语称金樱子为"伽萨凿央"（苗语 ghab said zuo yan），因为它的花每年开得最早，所以果实也是最先吃到。苗族古歌里有记载的，农历二月开花，农历三月结果；还有我做的这个银头冠，有4斤多重，中间有一个马宝，马宝两边各分布7个人骑马图案，每片图案上下坠4个吊坠，共60个吊坠，这个吊坠为喇叭口造型，而且要求吊坠要多、要密，这样才会美，苗族称其为"伦巴"（苗语 lak bab），有人多热闹的寓意。还有龙项圈上面的吊坠，一般要做11、13、15单数条状吊坠装饰，要防止银圈下面太空，否则就不美，这个类似银压领，是富贵的象征。还有银衣，银牌为3排，下排12个，中排16个，上排14个；下面有吊坠52个；银泡500个，是水泡的图案造型。手镯最多要戴9对，一般是戴5对。手镯上面苗族古歌的内容不多，做法自由，但也要按照苗族人的审美习惯来做，就是要做得宽、重一些，图案要复杂一些；还有男人戴的腰带银片，4个三角形，图案相对简单，没有太多寓意，只是出于（审）美的习惯。女孩子的银饰一身最多有30斤，出嫁时戴得最多，需两人扶着走，太重了怕压坏衣服。这些图案都是祖宗传下来必须这么做的，没什么束缚创作思想的，我在做银饰的时候头脑里想的就是这些图案，即使再变也是围绕这些图案来变化。

当时是农闲时节，笔者在塘龙村走了一圈，村里家家户户都没出门做其他事情，而是待在家里做银饰，笔者进入多家银饰锻制家庭去看，发现塘龙的苗族银饰锻制很具规模，而且几乎人人能做，风格和造型不一而足，在这里，苗族银饰不仅是苗族文化的综合载体，也是财富的象征，它的制作流程和佩戴风格也是施洞精神财富的象征，起着维系苗族社区和具体分支群体的重要作用。

第二节　黔东松桃、铜仁及湘西花垣、凤凰、古丈、吉首实地调研

如果说施洞、台江属于黔中苗族支系，那么松桃、铜仁以及湘西就属于地域环境中的黔东苗族支系，笔者的黔东之行也颇有收获，看到了不同于黔东南的、具有另一番审美风格的银饰文化，该支系自称"果熊"，旧时称为"红苗"，以湘、黔、渝、鄂边区（武陵山地区）为分布中心。其使用语言为苗语湘西方言，内分东部和西部两种方言。东部苗语主要通行于湘西沅陵、泸溪、辰溪及古丈部分乡镇，西部苗语则通行于湘西凤凰、花垣、吉首、保靖、永顺、龙山、麻阳、新晃，贵州松桃、铜仁、江口、印江、石阡、德江、沿河、玉屏，重庆市秀山、酉阳、彭水、石柱，湖北宣恩、咸丰、来凤等县。现今除湘西、松桃、铜仁和秀山、彭水等县有部分仍保持本族语言和服饰外，其他县已基本汉化。[①] 笔者针对目前仍保持鲜明原生态风格的代表地区进行了走访，经由湘西花垣的芭茅驱车一个多小时到达松桃县，县城内到处可见身穿苗族服饰的苗族姑娘，课题组来到松桃县有名的小十字街，这里集聚了来自松桃县世昌乡的

---

① 王乐君：《黔东南苗族聚落景观历史与发展探究》，北京林业大学博士学位论文，2014，第 28 页。

火连村、头谷村、甘溪村以及盘兴镇、牛郎镇的银匠师傅，他们在这里经营银饰物品。可以说是小有规模，小十字街的吴正茂师傅就是来自世昌乡头谷村的银匠师傅，他同爱人李正英，妈妈龙老艺，女儿吴松平及舅舅龙金章一起来到松桃经营苗族服饰和银饰生意，在县城开办了民族工业制品厂，厂里有关苗族的服饰、纯银饰品及银饰代用品、器皿等什么都做，最为齐全。吴师傅说银饰大多销往铜仁的盘兴镇，银砖材料是从凯里进货，银帽一人做5天完工，下料就做组装，松桃地区的苗族对白铜代用品、铝片装饰品都可以随意佩戴，但绝大部分人还是喜欢银子做的，银子饰品要重一些，有一斤多重。其穿戴款式为，年轻人戴高而宽的帽子，帽顶往后斜的、低窄高宽圆形帽，老年人则戴矮帽子；男的戴圆帽，像阿凡提的帽子。结婚一般也是戴装饰品，只戴一次。另一位银匠是龙明芝，她与丈夫吴继章也在松桃开店多年，她在头谷村打了十几年银饰，结婚后丈夫吴继章也帮忙在店里打，生意很好。他们所做的银饰大多销往盘兴镇，盘兴镇一般喜欢做真银的，不做假的，做的银饰基本是本民族传统图案。松桃地区比较认可和喜爱传统苗族图案及款式，所以做传统图案在松桃销路好，他们现在专门做银饰修剪、编结和编丝等程序，一般一个手镯三小时，半机器加工，半手工锻制。

随后，课题组来到了松桃民族文化园，在民族园内采访了县级非物质文化遗产传承人龙根主师傅（见图2－20），龙师傅60多岁，从20岁开始做银饰，已有40多年了，龙师傅是世昌乡火连村人，是火连村做的时间最长，手艺最好的老师傅，目前他和他的小儿子龙毅一起在民族园里锻制银饰。笔者就苗族银饰的传承情况、款式图案和审美要求对龙根主师傅进行了采访。

笔者：龙师傅你是在哪年被县里认定为苗族银饰文化锻制技艺传

承人的？你做的银饰品有什么讲究
和规则吗？松桃地区喜欢什么款式？

龙根主：我是在 2012 年被认
定为县级非遗传承人，但县里今年
还在往上报，给我申请省级传承
人，目前还没批下来。我现在算是
龙家第三代传承人，爷爷龙银富是
老银匠、爸爸的兄弟龙光达是继爷
爷之后的银匠，我小时候跟叔公学
做银饰，现在儿子龙毅也在做。我
做银饰四十多年，非常讲究银饰抛
光的光滑度和亮泽度，要求成品要
平、圆、滑，讲究手感舒服，不刮
手，不伤衣服。特别是项圈的银丝
绕圈，一定要均匀、密集而不留缝

图 2 - 20 松桃银匠龙根主在锻打
郑泓灏摄

隙，这样，项圈看上去每个地方的光泽度一样，很入眼。而成品的
细部刻画也是一样，除了细致就是要打磨光滑，不留劣迹。松桃苗
族喜欢的银饰种类有八宝花、围裙花、棋盘花，福、禄、大菩萨、
寿、喜等银字或银图案，凤冠一般固定在帽子上，凤冠（见图 2 -
21）上面的图案有龙、凤、金鱼、棋盘、八宝、蝴蝶、鸟等等；项
圈、手圈等手感要细滑；银片压片多，不多錾刻，錾后不结实，一
般一样要做十个。凤冠要做两个多星期，花丝工艺偏多，定做一般
是 7 件套，800～900 克；压领要做两天，以錾刻为主，压领边上是
用搓丝手法来做，两根丝搓成一根后再镶焊到压领上，银丝为 0.26
毫米，搓丝一般用做装饰的花边，搓丝是很费力的。

笔者：松桃县的苗族银饰在审美方面有哪些模式，认为怎样才

图 2-21　银凤冠（龙根主制作）　　郑泓灏摄

算美呢？

　　龙根主：我们一般做平时看得到、见得多的物品，但也不能完全照搬这些东西，还要做一些变化，而且要虚构一下。比如，金鱼图案可以连缀在弹簧上和鸟组合在一起，龙和凤组合在一起，喇叭吊和花棍吊组合（在）一起等。花冠要有动感才美，比如我做的这个花冠上面的每个图案都是用银丝弹簧连接的，花冠的下缘还要悬挂很多银吊坠，这样走起路来才有颤动感，才美。

　　笔者：松桃的苗族银饰有多少年历史了？你现在是单做还是传授徒弟？怎样形成现在的审美模式？

　　龙根主：在松桃，银饰的历史我认为应该有一两百年历史了，银饰是汉族先戴，再到苗族，我最佩服的是汉族银匠林恒春，如果在世的话应有一百多岁了，他在清末的时候随父母从江西宜春来到我们松桃。那时候据说松桃还没有银匠，但林恒春来了以后，就带来了锻制银饰的手艺，他的功夫很深，也收了一些学徒，做的图案全部是手工制成，特别是他做的"十八罗汉"，简直要活起来一样，每个细微的地方甚至表情都錾刻出来了，而且打磨也很到位，饰品表面光亮而无气泡，银丝做得又细又均匀，我只是在很小的时候见过他的作品。自己比起他来差得很远，他做的图案都是汉族人喜爱的龙凤、麒麟、狮子、鱼、牡丹、月桂、鏨鏨娃娃等图案。我会按林恒春的图案样式掺入苗族人喜欢的图案去做，再在每件自己做的银饰上印上"火连纯银"的印章。现在我所做的花样每一年都不一样，在逐步改进。现在我带了一个徒弟，他叫王宇晨，清华大学美术学院毕业，后在芬兰留学，是工业设计专业的研究生，现在在上海工作，王宇晨也是从报纸上知晓我的锻制技艺后慕名而来拜师学艺的。

笔者：在松桃戴真银的多一些还是戴装饰品多一些？大家都对银饰有着怎样的审美要求呢？

龙根主：松桃的银匠原来是手工做，现在是手工加模具、机器一起结合来做，模具是请人雕刻的，松桃（人）一般结婚时戴，而且超过90%是白铜镀银，但要保证一对项圈是真的，手镯是真的，假的一套一千多元，真的一套两万多元。有钱人家为了激励子女，通常女儿考上大学奖一套真银饰品，至少有6~7斤。姑娘家生小孩子了，做外公外婆的要送银锁、银筷和银碗，说明苗族人对银饰还是很看重的，它不仅能打扮自己，还能收藏且有升值空间，而且还作为最高奖赏的奖品，大家对于银饰的审美很自由，只要是好看的图案都可以打上去，群众也不太挑剔图案的形状，只要符合松桃的银饰款式和佩戴形式就行。

笔者：你一般从哪里进货呢？现在定做的人多吗？是上门定做吗？

龙根主：一般是上门定做，定做多是要纯银的，一开始学习的是来料加工，旧银饰翻新工作，也就是边做银饰边兼做零散件修补和破旧银饰的翻新，在（20世纪）70年代打银算工分，根本收不到清代的银饰，现在能收到一些，基本是要做清洗翻新和修补的。我是从湖南郴州进货的，还有一个银匠叫麻长光，有70岁了，是勾嘴村的，基本也不出来做，（那里）和盘兴镇一样，都是人们上门找银匠订货，订货的人还是很多的。

笔者：能不能给我们稍微演示一下锻制的过程。

龙根主：好的。

接着，龙根主师傅边做边给我们讲解，演示的材料是一根20克左右的银条，龙师傅要将它加工成三个手圈。打一个银手圈要先经火烧后锻打，一般在木头上用火烧，可以上下加温，因为耐火砖没有温度，木头有温度，熔度能到1000度以上且不会马上冷却。银条经过两次退火后再反复捶打，直到将方条打成圆条状，打时要用力均匀，直到银条柔韧耐磨，才不易折断；然后拉丝，在拉丝板上从360毫米孔开始拉，拉丝时给银条加上机油便于拉拔，再用木炭烤炙或用气枪喷；先用钳子夹拉，到最后为了手圈内外的光滑就只能用手拉，手圈做好后由龙根主的儿子龙毅焊接；最后用抛光机进行打磨抛光，抛光机里面有玛瑙、钢球（20世纪50年代用红砂，手工磨抛光），大件用刷子刷，再用美国原产910抛光粉（Metwt：11bs），将其抛光后用风筒烘干，再用纸盒装着，压平就基本完成了。从固形木头上取下来的三个银手圈光亮耀眼，非常漂亮，笔者忍不住买下来戴在手上。

告别了龙根主师傅，笔者又踏上了银饰锻制及审美的文化之旅，来到了盘信镇，到盘信的时候正好赶上盘信的集市，镇上的人特别多，经人介绍笔者很快就见到了盘信镇有名的银匠师傅黄东长（见图2-22），黄东长师傅从17岁开始打银，已经是银饰传承的第六代了，黄氏第一代银匠在铜仁打银饰；第二代黄氏祖太公从铜仁迁到松桃，继续以打银饰为生；第三代是黄氏老太公叫黄胜全，当时已经在松桃很有名气了；第四代是太公黄九林；第五代为黄东长的爸爸黄家隆；第六代为盘信银匠黄东长。20世纪90年代时，黄师傅盘下镇上的一个门面，逢农闲和赶集时就到镇上出售银饰，平时在家里制作。笔者来到他的店面，也同样向他了解了很多有关盘信地区的银饰图案及制作情况。

图 2 - 22　松桃县盘信镇银匠黄东长在出售银饰　　郑泓灏摄

笔者： 你一般主要做些什么类型的银饰，是合伙做还是单做？订货的人多吗？

黄东长： 我一般做盘信镇流行的银饰，定做的人比较多。今年由于银价降下来了，所以生意很好。现在是旺季，定做的人很多。我做银饰都是赶牛郎、大兴、松桃的集市，一般人们是大件定做，一套三万多元，农闲的时候卖得多些。我一年要做四、五套全套银饰，平时就打点小件，我家现在是四个兄弟一起做。我的兄弟黄东志、黄松都和我一起打银饰，小弟黄东阳虽然在贵阳工作，但有空余时间时也帮我打，家里一年有十多万元的收入。有些从湖南来的顾客也要我们家打的银饰，我们进货一般从湖南郴州进，觉得较便宜。

笔者： 那你经常打的银饰图案有哪些呢？你认为怎样锻制才是美的呢？现在的款式和原来有区别吗？

黄东长： 我一般做银针筒（见图2-23）、挂链、花冠、银簪、

图2-23 银针筒（黄东长制作）
郑泓灏摄

银牙阡、银挂扣、银压领、银手镯等物品。当然其他的银饰还有我兄弟在做，我们都是做纯银饰品的，不做代用品，我做的银饰上面都会刻上"盘信黄东长"的印章，证实货是真的。银针筒一人要做3天，上面的图案先是用模具刻印，然后再戴200度老花镜细打，图案周围都习惯镶扭丝做边，即将一根丝压扁再拧成麻花状，比两根细一些，一般在1毫米以下，比头发粗一点，做时手脚要轻，搓两次，中间烧一次，我做的都是1、4、5丝粗细。花冠上面常做的花是桐子花、银花，传说是辟邪用的，现在（市面上）一般不做了，但我家还会常做，我现在是带着孙儿做，他们把我做好的银饰负责用明矾水洗，再用刷子刷，在镇上洗银代加工是10元/克，9月开始进入银饰锻制旺季，劳动干农活时为淡季，农闲时买银的人多一些，镇上还有一些摆地摊的，都是从凯里、凤凰等地进货，有些在我这里进货。现在的款式和原来很多不一样了，比如头上的凤冠，原来喜欢打边皮花、莲蓬花，但现在不打了，现在流行银花、桐子花，挂链、挂扣、针筒、牙签、压领的主要图案是狮子抢宝，其他的作为添加配饰，蝴蝶挂扣是偏蝴蝶、正蝴蝶、喜鹊图案的多。以前我还打过一尺多长的银长簪，在清朝时有三两多，两三岁时看见我爷爷打过，一边吊四个铃铛，尖的地方打凤凰，我在（20世纪）70年代还打过，下户才打，新中国成立后打得少了，现在不流行打了。银饰佩戴是这一二十年来才兴起的，80年代前的图案流行凤梅花、金梅花和银帽尾、边龙等，现在也不时兴了。现在时兴的图案就是龙、凤、八仙，大人的无多少变化，小孩的银饰变化很大，打银饰损耗有0.5%。原来是全部手工做，银饰讲究扭丝镶边，阴阳线刻，炸珠工艺和镶嵌工艺，现在都是半机器半手工做了，做的花样比原来多了，但手艺的精度却下降了。

笔者：那（20世纪）70年代你是怎样保留下祖传的手艺的？

黄东长：（20世纪）70年代民贸公司曾请我加工银饰，我在生产队那会儿有会计跟着跑，还有会计给开票，算工分，打多少交多少，打的钱上交生产队，一个劳动日三毛多钱，一年就几百元，一年做了200多个劳动日，是（以）集体性质去做，以增加生产队的收入。因为我家一直以打银饰为生，所以生产队要我家继续打，都是经过批准才能打的。改革开放后，条件放宽了很多，有本事可以自己做，但很可惜现在有好多不做了，后来又兴起了十多家，但很多做的不如以前了。

沿着盘信镇的赶集公路往前走不多久，课题组找到了盘信镇的另一位著名银匠——龙六昌（见图2-24）。不过，龙师傅锻制银饰的经历有点特殊，他原来并不做锻制银饰，而是做过一段时间的白银进出货生意兼做白银的提纯工作，他贩卖白银的经验非常丰富，所以笔者就银饰产生的源流以及白银文化的发展对龙六昌师傅做了一些访谈。

笔者：龙师傅，对于白银你是怎么看待它的真假的呢？现在市场上银饰真假难辨，鱼目混珠，真正的白银要怎么辨认呢？

龙六昌：我是在（20世纪）80年代开始学做银饰的，已经做了30年。我是跟朋友学的，就是在盘信这一带学做，我对自己技艺要

图 2-24 采访松桃县盘信镇银匠龙六昌　　郑泓灏摄

求很严格，手艺一定要过关，否则就不做。这里原来有 20 多个银匠师傅，现在手艺不过关的基本被淘汰了，只有两个技术好。我学银饰锻制的时候首先学认银子，练习用眼睛辨认。一般来讲，99 银边口为青白；98 银边口为青灰，呈白色；92 银边口为青白黄，呈黄色；90 银边口为深黄，呈酱黄色。我那时候学提炼 90% 以上的银，都是呈黄色，眼睛可辨别，"光洋"纯度在 86% 左右，提炼时有 2～3 钱的损失。我做银饰一般是人家上门订货，做的图案有白子虾、桐梓花等传统图案。我现在基本上是一个人在做，儿子有时候也会帮我做，但他对银饰兴趣不大，我一般做一套要一二十天完成；做的物件有项圈、挂扣、针筒、腰链，因为盘信苗族都喜欢纯银饰物，所以我都是在当地做。原来人们生活不富裕，加上没有银，就偷偷买了做，卷起放进烟盒里，而且需求量不大，常用白铜作为代替品，因此白铜逐渐代替了纯银在银饰制作中的使用。现在白银从郴州一次进货四五十斤，直接从家里打电话订货，我做的银饰都要打上"六昌纯银"，代表那是纯银的。

笔者： 过去打银饰的银子主要从哪里来呢？

龙六昌： 原来都是用"光洋"打，现在 1000 元一个袁大头，更早一些也有毁元宝打的，那时候毁外国洋元比较多。当时有福建、广东产的龙洋；有墨西哥产的鹰洋；云南产的半圆，也称对半银子；很多老银匠还打过贵州洋，也叫"竹洋"，一面是竹子，一面是贵阳甲秀楼，现在一个要卖 3 万元，当时发行量不多，只有半年时间，所以很珍贵；再就是 1933 年生产的"船版"，含银量很高。云南生产白铜很多，过去的纯银是朝廷拨下来的，武将随身带银子，可辨别食物有无毒素。

笔者：那你现在一年可以做几套银饰？可以看看你的作品吗？

龙六昌：我现在一年能做 7、8 套，都是做纯银的，做这一行没有脑筋做不了，真银锻制比白铜要难，而且真的要比假的样式、颜色都好看些，真的手工细致，假的粗糙。我做的银饰有很多搓丝技艺，就是将丝压扁再搓，湖南吉卫的手镯和我们的有些像，我也做。但我也中断了几年没做，前几年跑湖南常德送银子，一般两个人，一个人跟顾客谈，一个人在外等着，我和湖南禾库的范师傅、阿拉的石银花都做过白银生意。我的作品就在这个柜子，里面有一些是我从民间收购的老旧银饰，还有（我自己制作

图 2 - 25　银花簪（龙六昌制作）
郑泓灏摄

的）十八罗汉、银梳、银花簪（见图 2 - 25），还有银衣片。

说完，龙师傅拿出他前不久做好的几套银饰，种类有银牙阡、银花、银挂链、银扣等，龙六昌师傅的银饰花样小巧细密，特别是银花梳，上面的立体花瓣圆润饱满，光滑亮丽。

笔者：那么铜仁的银饰是怎样的风格呢？在其他地方还有做苗族银饰的吗？

龙六昌：铜仁也有苗族，但没有松桃集中。那里土家族人口多一些，银匠大多没什么生意，做土家族银饰多一些，在大、小十字街做，他们也回收黄金，加工赚钱。小十字街有个老银匠姓李，做了不少年头，做镶嵌玉、金的多一些，兼做银饰。铜仁还有个老师傅，80多岁，现在已经不做了，在铜仁老车站居住，做金饰很在行，懂得提炼金子，他也打银饰，以打汉银款式为主，不会花丝工艺。另外，在广东、福建等地也有按照苗族银饰风格用机器做银饰的，铜仁有福建人开店摆摊，他们会用镀、铂、接金的技术，做的银饰难辨真假，但辨别也容易，主要看颜色，还有，如果重量不同那么材质就不同。

结束了贵州黔东南的主要行程后，笔者对银饰的审美及造型有了非常深刻的了解，并强烈地感受到，同在中华民族喜爱银饰的文化熏陶下，苗族人民自古就形成了喜爱银器的心理，苗族银饰文化即使在汉族银饰文化衰落之时也没有随之衰落，而是在岁月的打磨下，愈发熠熠光辉。在苗族民间，其提炼、制银工艺和苗族银饰锻制技艺不断发展，而且在非物质文化遗产的保护下更是形成了具有一定规模的文化体系。苗族银饰具有艺术装饰、精神寄托、生活实用和珍藏保值功能，因此一直在苗族人心目中占有突出的地位，这种既定的民风民俗得以广泛存在的实质是苗族先民为了更好地生存、美化生活乃至由此演化出某种象征效应，直至精神寄托的产物，并在此基础上，形成一种自发的心理意识倾向的潮流。于是，苗族先民在强烈的民族信仰意识的驱使下开始在质地纯洁、贵重的白银上大做文章，把保佑平安、吉祥美好、消灾辟邪、民族信仰的意念寄托其上，用錾刻、雕琢、花丝等手法，制成造型图纹丰富、形态风格各异的或实用，或审美，或馈赠，或装饰的各种器物，以表现各种意境，从而也达到了娱己娱人的目的。贵州黔东的行程暂告一个段落，虽然很多地方还未涉足，但笔者也从中也得到了不少的收获，从而深深地体会到，广大苗族民众生活的山野民间就是民族审美文化蕴藏的天然博物馆，而苗族银饰就是散落在民族审美文化中的文化宝藏，要想做一个真正的探宝者，就必须做好深入而细致的工作，从尊重它、敬仰它、爱护它的角度做更进一步的调查与发掘。时隔不久，笔者带领课题组成员走进了东部苗族方言区的湖南湘西土家族苗族自治州的苗族银饰集中地区——花垣县和凤凰县的部分乡镇进行田野作业。目前，花垣县苗族人口有 20.7 万人，占全县人口的76.8%。凤凰县苗族人口 20.85 万人，占全县人口的 50%，是湘西的原住居民。首先，笔者来到了苗族集聚的花垣县，花垣县的苗族姓氏都是清朝"改土归流"后朝廷登记人口时进册的姓氏，主要有"吴、龙、廖、麻、石"五大姓氏。课题组从县城驱车一个多小时到

达苗族集聚乡镇——雅酉镇，然后坐半小时的私人摩托车到达银饰锻制村寨——五斗村。五斗村分为上五斗村、下五斗村和新村三个自然村寨。我们首先走进了下五斗村的石张飞师傅家里（见图 2 - 26），石张飞 18 岁开始学习银饰锻制技艺，从事银饰锻制这一行已经32 年了，石师傅年轻的时候向村里的老银匠、目前

图 2 - 26　银匠石张飞和女儿　　石张飞供图

图2-27　市场上售银和洗银摊位
郑泓灏摄

70岁的石少中师傅学习，有时还跑到临近五斗村的凤凰德榜村向龙吉塘师傅学习锻制技艺，目前他和他爱人龙自花、妈妈吴妹娘一起从事银饰的清洗、制作及销售工作。课题组成员曾于2013年6月23日到德榜村赶集市场考察苗族银饰的民间市场销售情况，共有六七个银匠赶来售银，他们大部分来自德榜村，也有来自五斗村专做儿童银饰的石张飞师傅，在集市上还有石张飞的妈妈吴妹娘等苗族老人提供清洗银饰服务（见图2-27）。笔者就石师傅的制作银饰经历、银饰图案、从业情况等进行了一系列的访问了解。

　　笔者：你平常做的是哪些款式的银饰物品？银饰的种类有哪些？销售情况怎样？

　　石张飞：我平时做的有银花冠、大盘花、儿童银帽饰、板圈、银腰带、腰链、耳环、戒指、龙头手镯、梅花麻链、小链（见图2-28）、银牙阡挂链，还有各种小银衣片等。儿童帽子的图案一般是佩戴9个，主要是"八仙过海"纹样，八仙中间（有）一个大（一）点，我们叫（它）"仙翁"。银花冠上的图案有鸟、金鱼、月季花、芍药、桂花、菊花、龙、凤、蔓草、棋盘花、八宝花、寿字等，板圈上面刻的是牡丹、虫子等，银腰带两边是偏蝴蝶造型，耳环是龙头造型，手镯上面要雕龙头。梅花麻链由50朵小梅花串联在一起，一般有两尺左右长，戴的时候挂在胸前，需要1斤左右白银，梅花麻链上还串联着蝴蝶花。银牙阡挂链的吊坠上有花辊、宝剑、耳挖、戟、大刀、牙阡等图形，牙阡挂链也串联着蝴蝶、仙人图案。另外，还有银扣和银牌，银扣是莲蓬花，银牌则是棋盘花和"寿"字花。我现在连加工费一起出售要卖8元/克，10月是银饰制作的旺季，下半年苗族结婚的、走亲戚的比较多，所以银饰比较好卖，一年有个把月收入能达到1万多元。我一般是打真银的，假的质料不一样，做的花纹也不一样。

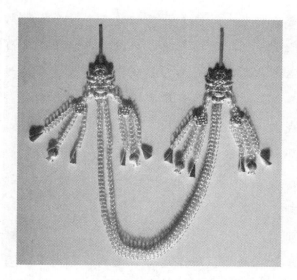

图2－28　小链（石张飞制作）　　　郑泓灏摄

　　笔者：那你以前打的情况怎样？这么多年做银饰怎么看待银饰的美呢？

　　石张飞：每个地方的款式不一样，我认为在自然界中比较好看的动物、植物我就打，以前打银饰比较简单，而且真假都做，打的多了，一眼就能认出来是真还是假，含银量多少也能分辨，我在

（20世纪）80年代还用银圆打过，那时候有孙中山头像的和"袁大头"的，但那个"光洋"含银量不高，最多是80%的，打真银的时间不长，从八九十年代才开始的，而含银99.9%的银饰才打了10年左右，有焊药的达99%，无焊药可达99.9%，打时不加任何金属，加了不能打，打真银好打，手工快，我认为真银的饰品才是美的，装饰品上面喜欢做些花花绿绿的装饰，但再怎么加都不如纯白的银好看。

笔者：你一般到哪里进货？银饰上门定做的多吗？如果销售的话，怎么出售？

石张飞：白银到凯里进货，一般快递过来，一次都在四五十斤。上门定做的人也多，一般花垣苗族喜欢蝴蝶花、梅花、龙凤、鸟等图案，顾客都会要求我做他们喜欢的款式。每个人做的银饰都有些区别，我一般是在规定范围内想怎么做就怎么做，没有太多苗族古歌的内容，图案具象的多一些。我做银饰销售主要通过赶集，赶雅酉、禾库、腊尔山的集市，禾库的销量最好，最多的一次可以销售两三百斤，我出售成品，妈妈专门帮人洗银。

笔者：那禾库、腊尔山这些地方就没有自己的银匠吗？

石张飞：禾库16个村原来有银匠的，但现在已经没有银匠了，禾库的银饰都是凤凰的德榜村银匠和我们五斗村银匠过去（打）的，在禾库的集市上我们有8个摊位出售银饰，每个月逢一、六赶集，雅酉每月逢三、八赶集，腊尔山每月逢四、七赶集，每个地方一个月可以赶4次。腊尔山原来有五六家做银饰，现在只有一家了，就是手艺比较好的银匠石春林还在做，其他地方也没有了。我们五斗村130户中，上五斗村有两家打银饰，下五斗村就是我和石少中，上五斗村的银匠也曾向石少中学习过，其余就是两林乡有3家，是向腊尔山的师傅学的，三拱桥的银匠专门做小孩银饰，石少中现在年纪大了，一般在家打，或帮别人打。

　　离开石张飞师傅家，已经天黑了。由于第二天正好是雅酉赶集，课题组决定到镇上去拜访五斗村的其他几个银匠师傅，继续了解花垣的银饰锻制和使用、销售情况，并进一步辨别银饰的图案造型。以下是对雅酉镇上五斗村的吴奴军（图2-29）、吴卫军、吴术军、吴显军银匠四兄弟的访谈情况。

图2-29　花垣县雅酉集市上银匠吴奴军销售银饰　　郑泓灏摄

　　笔者：你们的银饰是几个兄弟一起做吗？你们做银饰这行有几代了？你们做的银饰种类有哪些呢？

　　吴氏兄弟：我们是第三代了，从爷爷开始就一直做这一行，到我们的父亲吴碧归时制作的规模扩大了，分了4家。父亲有两兄弟，已过世，也打银，曾经还从德榜学过。我们兄弟姐妹有吴术军、吴卫军、吴显军、吴奴军及姐姐吴陆英五个；妈妈在屋里做洗银工作，我们的婶子也在做。我们一般卖6.5元/克，我们都是联合起来做的，一年可以做几十套。银围帕一个人做的话要做10天。（20世纪）80年代以后，花垣地区银饰是半真半假的，那时候人们不富裕，戴不起真的，假的花钱少一些；2000年以后普遍都要真的了。（20世纪）90年代以后我们才开始做银围帕、银盘花，原来没有。平时戴的全身银饰共八种13个，种类一为3根项圈（见图2-30），二为板圈（无花）1个，三为腰带1个，四为腰链1个，五为手镯1个，六为银扣（小一点）2个，七为耳环（一直保持原来的"龙头"风格）一对，八为银戒指（实心，原来有）一对。节日的时候戴的就更多了，头上还有戴银围帕和银盘花的。发簪花垣没有，腊尔山则有，但不纯，掺入了其他金属。三拱桥小孩银饰要得多一些。

图2-30 银项圈（吴奴军制作） 郑泓灏摄

笔者： 你们进货渠道在哪里？生意怎么样？

吴氏兄弟： 我们从贵州的凯里进货，腊尔山地区从雅酉进货。我们一般在农闲时锻制，然后再赶到禾库和雅酉的集市出售，赶集摊位租金一年300元。银是从禾库那边送来的，上次去禾库赶集的是吴显军。目前产量和收入并不高，月收入平均在一千多元，在雅酉这里销售比不上禾库，禾库销量要大些，禾库赶场销路最好的是凤凰德榜村的龙先虎一家。

笔者： 雅酉离吉卫挺近的，你们赶吉卫的集市吗？

吴：我们不赶吉卫的集市，因为吉卫和雅酉的银饰风格不一样，他们那边的麻吉大链和小链花样没雅酉的多，而且做得偏小一些，胸前也只是戴一根银项圈，银项圈比较细，不像我们这边的要粗一些。（从）吉卫过去就是松桃，两个地方很近，所以他们那边的样式风格和松桃的很接近，吉卫集市上常有松桃的银匠过来卖银饰。目前，吉卫镇上有个姓顾的汉族银匠师傅在做银饰，那边需求量没这边大，而且代用品多。吴少军爱人和妈妈卖半真半假银饰品较多，价格低，买家也没那么多讲究。

笔者：难道假的也有市场？如果别人买到假的银饰不找他麻烦吗？

吴氏兄弟：有的，有些人不讲究真银还是假银，只要戴着好看就行了。雅酉镇上的罗医生，一边开药铺，一边做洗银工作，他的手艺不错，能将银饰做旧，而且还专门做银饰代用品生意，如果代用品发黑了，他会用银水洗得和真银一样，附近的乡邻都知道他是做代用品的，不会找麻烦，他的货价格比真银饰低很多，人家看价就知道真假了。

通过银匠四兄弟的讲述，笔者大致明白了雅酉地区银饰销售及制作情况，虽然花垣雅酉的银匠相对凤凰比较少，但总体来说还是较具规模，同时也形成了本地域的审美模式，很多饰件大致款式相同，但具体到某些细节又有很多的区别。笔者在雅酉的集市上不仅看到了上五斗村的银匠四兄弟，同时也看到他们的婶婶石吉妹（见图2-31），她就是另一个苗族银饰锻制家族的成员。石吉妹是花垣雅酉老银匠吴碧归的兄弟吴碧成的媳妇，也就是吴氏银匠第三代传人，她的婆婆龙青花也是当时有名的银匠，而且龙青花的爷爷就是来自苗族银饰锻制中心地区的凤凰德榜村。石吉妹的三个女儿、三个儿子，都是活跃在周边地区的新生代银匠师傅，她的大女儿吴爱珍在吉卫锻制并出售银饰，二女儿吴爱叶在禾库出售银饰，三女儿吴爱慧在花垣县城开了银饰锻制及出售的专店。大儿子吴爱平在花垣做事；二儿子吴爱龙也在花垣上班，周末回来，空闲时间也帮妈妈做银饰加工；三儿子吴爱军，目前读高三，银饰做得也很好。笔者也对这位有着侠女风范的女性银匠师傅做了采访。

图 2 - 31　银匠石吉妹在雅酉集市上销售银饰　郑泓灏摄

笔者：花垣的银饰佩戴是怎样的情况？一般是哪些银饰种类？

石吉妹：我现在各种款式都做，别看我今年 60 岁了，我锻打、压片、拉丝都会，平时主要是我做，儿子现在也帮我锻打白银、压片什么的，我主要做錾刻、雕花等复杂工序。我认为花垣戴的银饰很漂亮，虽然没有凤凰多，但比较精，有讲究。比如这个银项圈，有绕圈的一端年轻人戴在后面，老年人则将绕圈戴在前面，一般为 3 个一套，或 5 个一套地佩戴。花垣的苗族头帕不缠花帕，而缠青色帕子，只有青色帕子配白色银饰才美。绞绳银项圈戴一个细的。我这里还有单枝的插头银花，一般是单数插在头帕上，而一支插头银花上面也是打3只荷花（见图2-32）。

图 2 - 32　插头银花（石吉妹制作）　　郑泓灏摄

笔者：那你的银饰怎么出售的呢？你做银饰最拿手的图案是什么？

石吉妹：我的银饰销路还是比较好的，三个女儿不仅帮我打，还会帮我出售，在花垣、禾库都有销售的，我自己也会赶雅酉、腊尔山的集市。我的银饰价格是 12 元/克，就这个银花冠头饰，要 5000 多元，还有这 3 个银项圈，上面的花纹是凤穿牡丹图案。宋祖英戴的银项圈是我打的（3 个项圈），她在悉尼演出时用的，这 3 个是我按宋祖英戴的那 3 个重新打的。在《中国民族·英文版》2013 年第 3 期上登载了我和我大女儿吴爱珍制作银饰的过程及我的银饰作品。

笔者：那你在出售银饰的时候也做银饰清洗吗？

石吉妹：做的，银饰所有的流程我都做，我洗银用的工具还是很好的，是抛光粉加水，用的是第五代首饰抛光机，海峡陈氏首饰机械产业制造（ST-2000，Min-TUMDLER）。

与石吉妹的谈话中，笔者看到了她对自己手艺的自信和自豪，也仿佛看到了花垣银饰发展的良好势头。随后，笔者从花垣的五斗村继续往前走，到了邻村的凤凰县德榜村，两村仅雅酉河一水之隔。笔者很容易就找到了村里的银匠师傅们。德榜村是凤凰县有名的苗族银匠村，目前村里的银饰加工基本是以家庭作坊生产方式完成的，德榜村做银饰的有 8 户银匠世家。目前都在进行银饰加工，在德榜的上寨，加工银饰的有龙建杨、龙吉塘、龙先虎、龙玉生、龙玉春、龙玉先、龙文汉、龙绍兵，下寨有隆自荣等，银饰的锻制和传承主要以龙建杨家族和龙吉塘（见图 2－33）家族做得最为红火，龙吉塘使用自制的银饰制作工具（见图 2－34）和钢模（见图 2－35）打制银饰，由于龙建杨、龙吉塘年事已高，且听不懂汉话。笔者先后对龙吉塘的儿子龙先虎（见图 2－36）及龙建杨的侄子龙玉春进行了银饰锻制及审美方面的采访。龙先虎现在也运用现代机械制造银饰（见图 2－37），相关采访内容如下。

图 2－33　凤凰县德榜村银匠龙吉塘在
鏨刻银项圈　　郑泓灏摄

图 2－34　银饰制作工具
田爱华摄

图2-35　制作各种银饰图案的钢模（龙吉塘藏）　　田爱华摄

图2-36　凤凰县德榜村银匠龙先虎介绍银盘花与银花冠　　郑泓灏摄

　　笔者：你父亲龙吉塘是州级苗族银饰锻制技艺传承人吗？你们家族现在有多少人在一起做？到你这一代是龙氏第几代传人？

　　龙先虎：我父亲是凤凰县第三批非物质文化遗产传承人，也是州级传承人。我们的银子都是从凯里进的，从郴州进银子要半吨以上，成品卖5～6元一克。我们家族打银已有三四代历史了，我曾祖爷爷叫龙老争，还有曾祖爷爷的哥哥龙老常，都是老银匠。

图 2 - 37　银饰冲压机（龙先虎）　　　　田爱华摄

龙老常没有结婚，所以他和我曾祖爷爷没有分家，都在一起做银饰。我爷爷虽然也做银饰，但很早就去世了，我父亲龙吉塘是我曾祖爷爷龙老争带大的，我母亲叫石花英。目前我们家族都在一起做银饰，农闲的时候就做，我们共有 8 个人在打，大家不分家，打银（饰）的师傅包括父亲龙吉塘，姨夫石球明，他打了七八年，技术好，爱人吴珍爱也在一起做；哥哥龙先轮和我合伙打；我的大姐也在做，二姐夫龙加贵也和我们一起做。三姐则在两林乡二罗矮寨村和她爱人一起做。

笔者：德榜村都是像你家一样是家族合作型的吗？你从什么时候开始做银饰的？那时候打银饰情况怎样？

龙先虎：我 13 岁开始打，刚开始跟着父亲学习做，赚的是手工钱，计件一个 200 元，以前打银是人民公社记工分。现在银子 2000 多元一斤，含银量九点多一点的白银打一个项圈要一天半，项圈錾花要半天，打一个项圈花两天多功夫。德榜村都是家族内成员一起打，每家都有3~4个人一起做。父亲龙吉塘15岁开始打，到现在已经打了61年了，他是土生土长的苗族人，不会讲汉话，也听不大懂汉话。以前父亲打银饰很容易断，银饰是"光洋"（俗称"袁大头"）打的，因为含30%的铜（所以容易断），现在纯银不易断，加点锰还可以增加硬度。

笔者：你们有没有想过带外姓的徒弟呢？你儿子学打银子吗？

龙先虎：我们不想带外姓人做徒弟，一方面因为这是家族手艺，老祖宗留下来的不想外传，另一方面我们家族做的人也很多，农闲时忙着做银饰，农忙做农活，没有时间带徒弟，再说我们家族现在银饰生意不错，万一带了徒弟后他做得不好也会影响我们的生意的。所以不带，我儿子目前在州民中读书，没学打银子。

笔者：你们现在银饰怎么销售？做的情况怎样？可以看看你们做的银饰作品吗？

龙先虎：我们做银饰都有分工，过去银花冠1人打要5天，现在是五人打，每个人做相应配件做5天，卖10元/克，银花冠有700~800克，需8000元左右；前额3人做，每个人做相应配件要3天，头上戴的装饰物加起来有10斤重，现在做得更讲究了。我们都是做纯银的饰品，一套要四五万元，银花冠上染色的是假的，在凤凰县城有这样的货。

说完龙先虎取出他们加工的银饰品，种类有银花冠（见图2-38）、银盘花、各种款式的插头银花（见图2-39~图2-41）、龙头手镯、花戒指、龙头耳环、牙阡挂件（见图2-42）、针筒挂件（见图2-43）、梅花大麻链（见图2-44）、儿童"八仙过海"银帽饰（见图2-45）、儿童银手镯、银衣片、银腰带、板圈、绳圈等等，同时还拿出了他爷爷当年用"光洋"熔化后打的板圈。

图 2 – 38　银花冠（龙先虎制作）
田爱华摄

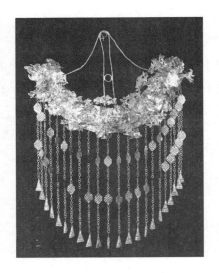

图 2 – 39　半圆形插头银花（龙先虎制作）
田爱华摄

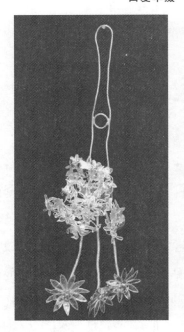

图 2 – 40　插头银花（龙先虎制作）
田爱华摄

图 2 – 41　半圆形插头银花（龙先虎制作）
田爱华摄

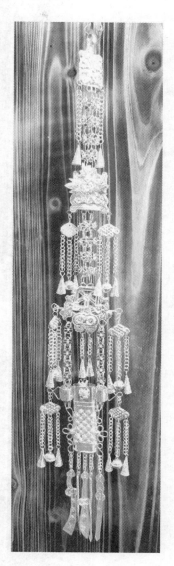

图 2 – 42　牙阡挂件（龙先虎制作）
田爱华摄

图 2 – 43　针筒挂件（龙先虎制作）
田爱华摄

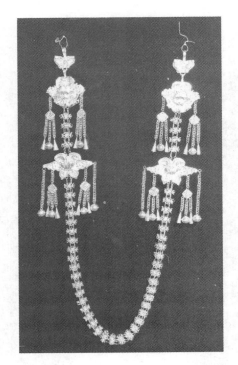

图 2 - 44　梅花大麻链（龙先虎制作）　　田爱华摄

图 2 - 45　儿童"八仙过海"银帽饰（龙先虎制作）　　田爱华摄

龙先虎：我父亲打板圈（见图 2－46），他的錾花工艺最好，其他人打角链。当有人结婚、生孩子、做客时一般有两天时间，这两天必须戴一根项圈、两个银扣和一对耳环、一个小链，上刻有棋盘花、金蕨花等图案。我们打的纹样有自己的特点，就是认为自然界美的东西就打，图案中也有动物和植物相互组合的。这样做就是觉得比较自由，而且在银饰散件插接的时候也要组合得

图 2－46　龙吉塘在家打板圈
田爱华摄

当，要让每个单件在插接的时候保持层次性，从哪个角度看都好看就行。我父亲流传下来的牛角花纹饰是我们家独有的，也是他独创的，我们现在每年都要做一定的图案变化，这样才能跟上形势。我做的银饰都是手工制作，曾被中央民委当收藏品收藏过。

2013 年 6 月 23 日，笔者到禾库镇赶集市场考察时，就遇到龙先虎一家早上 8 点左右在集市上摆摊售银饰（见图 2－47），他们一个上午就卖完了自家制作的银饰（见图 2－48），可见苗族民间市场的需求很大。他们家的银饰销售最好，2017 年，龙先虎在德榜村开了一家自己的品牌店，所制作的银饰工艺精湛，花式多样（见图 2－49）。

从龙先虎家出来后，课题组又来到龙玉春师傅家里，他正在忙着打一根银项圈（见图 2－50），我们静观他的制作过程，待他停下手中的活，我们就开始了对他的访问学习。

笔者：你做银饰有多少年了？也是家族内传承的技艺吗？

龙玉春：我做了 40 多年，从十五六岁开始学习，（20 世纪）80 年代后独立做。我父亲叫龙凤和，他已经去世了。目前，在做银饰

图 2 - 47　龙先虎一家在禾库集市上
摆摊售银饰　郑泓灏摄

图 2 - 48　龙先虎家银饰售完后清点
收入　郑泓灏摄

图 2 - 49　银花（龙先虎制作）
龙先虎供图

图 2 - 50　凤凰县德榜村银匠龙玉春
制作银项圈　郑泓灏摄

的有我叔叔龙建阳，69 岁；哥哥龙玉生、堂弟龙少斌和龙玉先、龙成华。原来村里的巫师龙升池，年轻时也打银饰，和我一起打，有76 岁了，现在不打了。爱人石花蕨也在一起打，大儿子龙文吉，二儿子龙文汉，小儿子龙文富都在家打。我们也是家族内联合做的，没有想过收外姓徒弟。

笔者：你们一般打的银饰种类是什么？要做多久？可以看看你做的银饰吗？

龙玉春：我做手镯要两三个小时完成，绳项圈需四五个小时。银子从凯里进的，一般去那里买或卖家送货上门。我打的银饰现在正在用叶酸水泡，这么做是为了洗掉银饰上面的氧化物，最后还要用刷子刷，（龙师傅从叶酸水里捞出他做的银饰）这里有麻吉大链、麻吉小链、针筒链（包括花篮、蝴蝶、针筒、五兵器），小孩戴的银饰后尾、二龙枪宝银头饰、银花、银蝴蝶衣片（见图 2-51）、银质小鞋、帽花、大小银簪等。

图 2-51　银棋盘花、银寿字花、银蝴蝶衣片（龙玉春制作）　　郑泓灏摄

笔者：凤凰的银饰佩戴有些什么讲究呢？你目前生意怎样？

龙玉春：凤凰的银饰佩戴一般以山江、阿拉、禾库一代最为讲究，一般头帕捆丝线，银披肩有 7 或 9 个银花牌，图案以花配动物为主，还要鱼与蝴蝶结合（在）一起，前面戴链子，铃铛上刻花（有些没有），有焊接的含银量只有两个 9，项圈含银三个 9。每年 9~10 月进入秋季就是旺季，2~8 月也是旺季，每月有几万元收入，淡季的银饰反而贵些。今年银价 1 公斤 5000 多元，现在 1 克 6 元，原来 8 元。前年 1 公斤 8000 多元。银饰总重量为 12～14 斤。禾库赶集一次可以卖两三百斤银饰。

笔者：可以看看你做银饰的简单经过吗？

龙玉春：好的，这个针筒挂链我做了一部分，还有一些没做完，我就做给你们看。

笔者看见龙师傅做的五个针筒挂链，下坠有花篮和小型动物图案，"牙签"下坠 7 个兵器饰物，龙师傅将银子放在土烧制成的耐火砖上，烧成溶珠，有大有小，也有用木板代替耐火砖的，他说这是做大银盘花后面的吊坠，银项圈（有凹线纹）有三个、五个、七个不等的花环圈：多一根就多一个花纹，纽绳项圈两根，板圈两个。

结束了凤凰德榜村的调查访问，课题组来到凤凰县有名的苗族集聚镇——山江镇，山江苗寨又名总兵营，苗语称"叭固"，位于凤凰古城西北 20 公里处的一个峡谷中，是一个具有浓郁苗族生活气息的小山寨。1958 年由于该地建设山江水库因此而更名为山江，山江是有名的苗族银匠集聚镇，镇政府所在地黄茅坪村在 2004 年 9 月 24 日被湘西人民政府授予"湘西土家族苗族自治州历史文化名村"的称号，现有 1370 人 420 户，共 4 组。黄茅坪村曾有 20 多户人家掌握苗族银饰锻制工艺，如今有些人家由于工艺不纯熟，缺乏市场竞争力而不再操此行业。目前，黄茅坪村有龙米谷、麻文芳、麻思佩、麻忠其、麻茂庭、龙喜平、吴喜树、吴云表、吴求表、龙召清 10 户人家一直从事银饰加工工作。笔者在了解这些银匠师傅之后，对国家级的苗族银饰锻制技艺传承人——龙米谷和麻茂庭两位师傅进行了采访。首先我们在山江民族博物馆副馆长龙三妍的带领下找到了龙米谷师傅（见图 2－52），龙师傅是远近闻名的银匠，由于 2011 年龙师傅得了脑中风，所以我们的问题都是由他的儿子龙炳周来回

图 2-52　采访凤凰县山江镇银匠龙米谷　　郑泓灏摄

答。龙炳周是龙氏家族苗族银饰锻制技艺传承的第三代人，龙炳周的爷爷8岁做学徒，爷爷将银饰锻制技艺传给徒弟张六林，龙米谷再跟随爷爷的徒弟学，龙米谷12岁被生活所迫打银饰谋生，现在已66岁。目前，龙米谷由于有病，一天只打两个小时，因为思考问题多了容易复发。张氏锻制技艺在当时的山江镇各门派中是比较有影响力的一派，龙米谷跟随张六林师傅在东就村虽然只学习3年的银饰锻制技艺，但他在继承的基础上进行创新研究，从银饰的构图到

图纹设计的编排，从品种的式样到色彩的匹配等方面都有自己鲜明的特色，由于这些原因，他的银饰品销路在地域上显得较为宽广，曾经远销到贵州铜仁、松桃及四川的秀山等地。其作品还曾远赴台北等地进行展出并被收藏。以下是就龙米谷作品及创作对龙炳周（见图2-53）的访谈。

图 2-53　凤凰县山江镇银匠龙炳周编结银花　　郑泓灏摄

　　笔者：龙师傅是凤凰县有名的银匠师傅，他的作品曾参加了哪些

社会活动？他的代表作品和拿手作品都有哪些？

龙炳周：那年国家级非物质文化遗产办公室主任邓昌杰负责湖南非遗申报这一块，所以我父亲就先获得国家级传承人称号，再拿省、州、市级传承人称号。邓昌杰发现我父亲做的银饰很精美，每年都会到我家来看我父亲新出的作品，他说我父亲所做的银饰讲工艺，讲技术，任何一个小件都要亲手设计，父亲的作品曾被省博物馆收藏。现在还有广东湛江的老板到我家订货，都是要纯银，他们是用来收藏和拍卖。父亲的很多银饰作品参加了银饰工艺大赛，曾获得过金奖，他一般会在银饰上刻上自己的名字。这个银凤冠（见图2-54）就是我父亲的代表作，带有改装创新，曾到台湾巡回展出过。你可以看到银饰不纯白，这是通过染色做出来的，是用一种叫姜黄（药材）的物质染的，银凤冠上的吊坠比较长，上面的银花很精细、复杂，每个散件都是榫卯插接的，包括下坠的铃铛，可以自由组合在凤冠上面；凤冠以龙凤图案为主，银冠中间为八宝花，主要工艺为拉丝，上面雕有金鱼、螃蟹、鸟、蝴蝶、兔子、蚱蜢、荷花，具有立体感、动感，走路一摇一摇地摆动，主要是弹簧做得很多，是卷丝工艺做出的，上下都可动。在凤冠中，我父亲将其改

图2-54　银凤冠（龙米谷制作）　　郑泓灏摄

造成"半边花"。每个部位都是用手工拉的。我父亲所做的银接龙帽也是最有名的，可一片片拆下来，不用焊接，"接龙帽"两边有角，也是用姜黄涂染过的，黄色代表"金"，很是富贵，所以用姜黄涂色。但是姜黄两年后会掉色，需要重复上色。

笔者： 凤凰山江的苗族银饰在佩戴风俗上有哪些讲究呢？

龙炳周： 凤凰山江的苗族节日很多，有四月八跳花节，也是老人、青年人的节日，到时候都要佩戴；三月三边边场，是青年人对山歌约会恋爱的节日，也必须戴；六月六晒被子，戴得少，青年人的节日戴得多一些。每个节日戴的不一样，古代凤冠只有两个手指宽，（20世纪）80年代末才开始做得很讲究了。除了龙凤外，还有蝴蝶、棋盘、花束等图案，一般是节日时候佩戴。再就是结婚佩戴，结婚男方必须送女方一套银饰，数量为6件套，有凤冠、项圈两个（花项圈、一般项圈）、针筒（只戴一个）、胸链、棋盘花束（长及腹部），梅花大链；富者有10件套的，在原来基础上加上大银盘花、后腰链（配两个银扣）、侧腰链、大披肩（很盛大的活动穿）或小披肩（见图2－55）；更讲究的人家也有配12件套的，在10件套基础上再加上手镯、银扣。现在是女方准备6件套，男方必须送12件套。比如，男女双方在今天结婚，头一天男方就要送一套银饰到新娘家作为彩礼，重量在11～12斤，16斤的是做得比较扎实的。上60岁的人一般只佩戴两件套，即项圈和胸链。

图2－55　小披肩银饰（龙炳周制作）

郑泓灏摄

我们山江这里办酒席时针筒链是必须要戴的，一般做客是两天两夜，由主人安排住宿。这段时间衣服有可能破了，做客时需要补衣，就随身带上针筒以便利用闲时补衣，针筒里面装着线头与针，针筒下面挂着宝剑、刀（辟邪）、牙签和耳挖两个。

　　娶媳妇是（新娘）晚上到夫家，第二天早上娘家人才过来。银披肩在结婚时才戴，图案以龙凤为主，也有客人不要求刻龙凤。图案是7片一套，意义为七上八下，寓意着人往上走，所以"七"代表吉祥。

　　笔者：那你们做银饰与苗族古歌的内容联系多吗？有哪些动植物（图案）打得比较多呢？和贵州的银饰比较有些什么不同？

　　龙炳周：（我们做的银饰）和古歌联系不多，古歌的内容我认为只是一种信念，真正做银饰还是要从美观大方出发。我们做银饰植物纹样很多，喜欢打各种各样的花，打得比较多的是梅花、牡丹和荷花，梅花主要用在麻链、针筒、银扣和银衣片上，牡丹主要用在板圈、披肩、凤冠上，荷花主要用在银盘花、凤冠、插头银花上。贵州的银饰图案以动物居多，而且比较抽象，我们的银饰图案要具象一些，你看到的这些图案基本是能认出来的，也比贵州的银饰做得奇巧一些，比如湘西的呆四连环戒指，贵州就没有，这个戒指拼装起来很小很紧致，一旦拆开来没有一定的诀窍你无论怎么装都装不起来，每个小图案都咬合得很严密，环环相扣，互相斜插而成，很讲究安装的技巧。但我们的工具没有贵州银匠用的先进，三江属纯苗（地区），保持古代情节，贵州、福建制银公司化，多半是半机械半手工，观念先进，部分地方已形成产业化了。压片都是大机子压，我们这边不一定每家每户（做银饰的）都有钱，压片很多都是手工捶打，硼砂用来焊接，气枪的使用已有五六年了，我们还常用油灯焊接，我父亲起初不愿意用气枪，但后来发现气枪效率高些，以后就用气枪做银饰，但三江还是有些师傅用油灯焊接。

笔者：银饰中的图案有动植物互变的吗？银饰一般的保养有哪些程序？

龙炳周：湘西银饰图案中基本上动植物互变的图案很少，我们做银饰有我们自己的特色，就是喜欢在动物上用点翠和珐琅的技艺，比如在鸟图案上就有，在点梅花花心的时候用炸珠的工艺，还有在凤冠上捆绑红绿丝线的装饰等。银饰保养自己在家也会做的，你要注意，如果银饰变黑，那就是假货。银饰受到污染也会变黑，还有碰煤气、硫黄也会马上变黑，可以用牙膏清洗，但没这么亮，用铜刷刷亮，还可用专业清洁剂清洗。

随后课题组到山江镇黄茅坪村雷打坡街找到了一生潜心钻研银饰图案造型的另一位国家级非物质文化遗产传承人——麻茂庭（见图2－56），他于2006年获得州级非遗传承人证书，2007年又被认定为省级传承人，2009年获得国家级传承人称号（报了三年，2009年批下来）。麻茂庭已近60岁，从20世纪70年代开始独立锻制银饰以来，如今已打制银饰38年，他的家族从他的高祖父麻通明（又称麻善球）就开始锻制银饰，曾祖父麻富强、祖父麻喜林、父亲麻清文均是山江有名的银匠师傅，到他已是第五代银饰锻制技艺的传人。2017年儿子麻金企（见图2－57）从新疆退伍回来后继承父业，现从事苗族银饰非物质文化遗产传承事业，其谱系见图2－58。麻师傅自从担任麻氏银饰锻制技艺的掌门后，为了适应时代的需要，在原有祖传银饰制作技艺的基础上不断进行一些革新和创造，在银饰的雕刻、镂空、花纹配制等方面均进行了一些创新，他曾为著名歌唱家宋祖英定制过银饰品，湖南省博物馆收藏有他做的银披肩。如今，他在家乡开了一个家庭作坊，并向外销售银饰，主动上门订货的人络绎不绝，还有电话来定做的。麻家的银

饰生意也越来越兴旺，享誉山江镇及凤凰县城。课题组到麻家的
时候麻师傅正在做梅花链的焊接工作，等他忙完，课题组说明了
来意就开始对他进行采访。

图 2－56　凤凰县山江镇银匠麻茂庭錾刻银片　　郑泓灏摄

图 2－57　麻金企正在焊接银饰　　田爱华摄

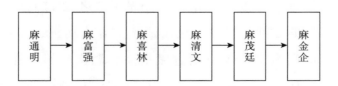

图 2－58　麻氏谱系

笔者：我们想了解一下你所做的银饰及制作过程，你一般做的银饰用什么图案比较多，有参考吗？你在做各种图案的时候有没想过图案的寓意什么的？

麻茂庭：我的银饰品图案很多，如龙（图2-59）、鱼、神仙等，我几乎什么都做的，只要看上去好看，订货的人喜欢，我都做，不用参考别人的，既不打草稿，也不画图，想一下就打，怎么想的就怎么做，很多东西做多了就知道它的套路了。我做银饰的时候没考虑太多寓意，基本上按照祖宗传下来的图案和要求去做，但只是在流行的款式上做细节上的变化，比如做得精细点，做得大点，也要看订货人的要求。有时候也要考虑寓意的，特别是小孩子的银饰物品，比如小孩银手镯上面就要吊上刻有长、命、富、贵四个字的银锤；还有铃铛、算盘等装饰物，喻示着小孩健康成长，长大会读书学习；小孩戴的胸锁也有两个，在大石榴上挂着小石榴，喻示锁命（保命）；小孩帽子上刻有双龙戏珠，还挂有小手印、海螺、石榴、锤子、鱼、鼓等图案，石榴就是寓意为多子。儿童帽饰（见图2-60）有三四套，夏天一套，冬天一套，打有十八罗汉，中间放一个仙人尊者，打完后我都在银饰上刻上自己的名字。

图2-59 龙头手镯（麻茂庭制作）　　田爱华摄

图2-60 儿童帽饰（麻茂庭制作） 田爱华摄

说完，麻师傅取出他最近打制的一整套银饰物品给课题组看，种类有银凤冠、银盘花、银簪（苏山）（见图2-61）、项圈和板圈（见图2-62）、大麻链（见图2-63）、小麻链、针筒链（见图2-64）、腰带（见图2-65）、手镯（见图2-66）、戒指（见图2-

图2-61 银簪（苏山）（麻茂庭收藏）
田爱华摄

图2-62 项圈和板圈（麻茂庭制作） 田爱华摄

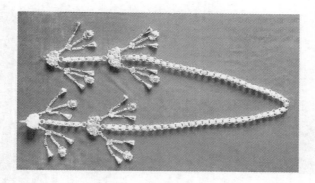

图 2 - 63 大麻链（麻茂庭制作） 田爱华摄

图 2 - 64 针筒链（麻茂庭制作） 田爱华摄

图 2 - 65 腰带（麻茂庭制作） 田爱华摄

图 2 - 66 手镯（麻茂庭制作） 田爱华摄

67)、耳环（见图 2 – 68）、儿童帽饰（见图 2 – 69）、儿童手镯（见图 2 – 70）、儿童荷包链（见图 2 – 71）、后尾（见图 2 – 72）、衣片、插头银花、银梳等等。

图 2 – 67　戒指（麻茂庭制作）
田爱华摄

图 2 – 68　耳环（麻茂庭制作）
田爱华摄

图 2 – 69　儿童帽饰（麻茂庭制作）
田爱华摄

图 2 – 70　儿童手镯（麻茂庭制作）
田爱华摄

图 2 – 71　儿童荷包链（麻茂庭制作）
田爱华摄

图 2 - 72　后尾（麻茂庭制作）　　郑泓灏摄

笔者：这么多银饰要做多久？生意能忙得过来吗？有没请人或带徒弟呢？

麻茂庭：做这些要一个多月。平时儿子读书回来做一点，另外我收了一个徒弟叫杨培生，现在练习捶打，我们这里徒弟拜师过年都有仪式的，他也帮我做一些，做焊接工作，用明矾加硼砂粘接后再焊接。

笔者：你能给我们讲讲这些银饰的图案吗？

麻茂庭：好的，这个是银凤冠（见图 2 - 73），也叫银围帕，上面是龙凤图案，还有鱼、虾、蝴蝶、桐子花、草、吊铃等各种图案。这个大银盘花上面的图案有瓜子、鱼、荷花；这个梅花大链由 240 朵左右的小梅花连接而成；后腰链（腰带）是固定围裙用的，苗语为"奔纠"；插头银花为两个组合，插在发髻上；银扣为"寿"字图案、野棉花图案、莲蓬花图案等。还有棋盘花，共是 12 个，镶配在衣服领边上，在衣服下摆也镶配一排（7个）；龙头耳环现在很流行（见图2-74）；胸口围裙上安排10个花束。银簪上刻牡丹，梅花大链一根，针筒链一个，胸链为两根（大、小），图案是金樱子果实和羊奈子果实形状。一般一套银饰是6~7斤。

图2-73 银凤冠（麻茂庭制作） 郑泓灏摄

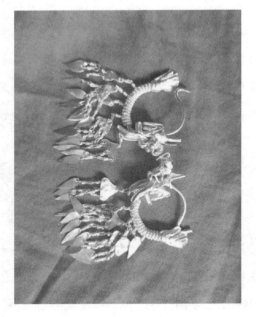

图2-74 龙头耳环（麻茂庭制作） 田爱华摄

笔者：你打的图案有哪些？与花垣、松桃比较，山江有哪些特点？

麻茂庭：打的图案都是吉祥图案，植物、动物都要打，荷花、牡丹花、八宝花、月月红（月月开的花，月季）等，好看的打，无毒害的打。不打的图案为玉米（不好看），青蛙、老鼠、毒蛇、螳螂，狗不打（我们认为狗是贱货）。没有盘瓠祖先是"龙犬"就打狗的图案的说法。我们这里银凤冠对红色、绿色丝线需求很大，都是装饰在银凤冠上的，我做苗族传统图案，现代的没人要，一些新款是卖给外地人的。花垣银饰简单得多，禾库的粗糙、简单，禾库银饰像花垣款式，与贵州松桃县差不多，山江与腊尔山、阿拉的银饰差不多。

笔者：那你的白银是从哪里进货的？20世纪七八十年代你是怎样做银饰的？

麻茂庭：我都是从郴州、福建进货，前几年7~8元一克，现在便宜点了。（20世纪）90年代以前国家不准买卖银料，银料源于收旧货。老银子都是"袁大头"和孙中山、蒋介石时的银圆，作为收藏物（古董）收走，所以原来打得很少，没那么多的银拿去卖。80年代以前每家每户都要银饰，小孩少不了一套，大人也是，至少也要半套，手镯两个，项圈一个，银链一根。以前是男方打好送给女方，现在不要银子要钱，更实惠，最低要5万元，90年代以后汉化了，许多（人）已不戴（银饰）了。所以很多银匠改行，现在需求量并不大，遇到节日到街上买一套假的戴一下就算了，真的无所谓了。80年代主要靠低价回收银饰，重新提炼，把纯银卖出去。收的时候按银子成色收，一个"袁大头"26克左右，可以打一个小手镯；民国以前用银锭打，用银子当钱，用小银锭（几斤、几两）打。以前女方向男方要一套银饰作为聘礼，女的放在娘家保管，我年轻的时候除了打银饰外还做银料的提纯工作。

笔者：你能介绍一下你做银饰的工具吗？凤凰的第一代银匠师傅是谁，你有听祖父说起过吗？

麻茂庭：我用的工具是老工具，现代的工具也有，但用不惯，无论什么工艺我都用老工具。这个溶银碗以前用铁碗，但会漏银，用坩埚好些，焊接垫的是木头，不习惯用耐火砖。凤凰第一代银匠听说是土家族银匠杜茂华，他是土家族人，民国时名气最大，他没有儿子，所以当时收了很多徒弟。

2015年3月22日和2017年5月6日，课题组成员多次到三江集市考察银饰销售情况，发现三江苗族赶集，银饰销售摊位有很多家，摆在道路两边。麻师傅领我们到集市上，让我们了解银饰销售的真实场面（见图2-75）。由于麻师傅售的是纯银，比较贵重，所以他还特地打了一个柜子摆放银饰（见图2-76、图2-77），以防被盗。在整个集市上，他也是唯一这样销售的，其他卖银饰的摊位是直接放在木台上敞开销售，大部分是非纯银饰品。也许这说明国家级非物质文化艺术传承人麻师傅在当地有一定的名气，做的产品较为精致贵重，其银饰产品也不会随便降价销售，做的是一种品质与信誉。

图2-75 三江银饰赶集 郑泓灏摄

图 2-76 麻茂庭赶集售卖银饰专用柜 郑泓灏摄

图 2-77 采访麻茂庭赶集销售情况 郑泓灏摄

从山江的银饰调查中，课题组发现凡是寓意美好的事物都会被苗族人加以利用和创造，如银饰中牛、龙、虎、狮、鹿、凤、鱼、蝙蝠、蝴蝶、蜜蜂、虾、鸟等动物造型的奇特与夸张，牡丹花、石榴花、梅花、荷花、茶花、菊花、月季花等植物造型的金属韵味和魅力，均被这些能工巧匠展现出来。这些丰富的图案蕴涵了苗族人崇尚自然和谐、达观浪漫的审美意识，这种生存智慧，用德国诗人荷尔德林的诗句描述就是"诗意地栖居"。所谓"诗意地栖居"就是"审美地生存"。特定的生活环境及与自然和谐共生的生态观养成了他们乐天知命、安然豁达、自由乐观的人生态度，就连山江"边边场"上的男女情歌对唱都是率真而彻底的，如"哥要借物妹就把，借你银戒拿回家。哥留一样做信物，莫嫌物贱质又差"。所以，学者钱荫榆曾说："苗族人活得酣畅，活得彻底，活得真挚。这充满激情和生机的艺术节奏，将撕裂一切矫饰和虚伪，将纯真带给未来。"

图 2 - 78　凤凰县银匠穆仕林焊接
银手镯　郑泓灏摄

离开山江镇后我们来到凤凰古城区，这里短短的几条古街却集聚了 147 家银饰店，课题组在古街上访问到许多来自不同地区的银匠师傅，分别有来自贵州控拜的银匠穆仕林（见图 2 - 78）、龙海军以及汉族银匠傅新华等。首先课题组来到穆仕林所在的"穆氏银饰"店。穆师傅有 60 岁了，他本人已是穆氏银匠的第五代传人，从事打银饰已经 30 多年，目前和儿子穆银驹、女儿穆明英以及爱人龙海英一起经营银饰生意。儿子曾获得过很多银饰锻制技艺的奖章，如在凯里市2010 年"多彩贵州"旅游商品两赛一会旅游商品能工巧匠选拔赛中荣获由旅游商品两赛一会组委会颁发的银饰锻制技艺一等奖，并被授予"凯里名匠"称号。穆师傅以前在广西走家串户，做壮族、土家族、苗族的银饰，广西布依族、瑶族银饰也打。开店后穆师傅就再没走家串户，后在凯里做，如果顾客喜欢自己的作品他就会觉得很有成就感。2010 年他们从贵州到凤凰已经 4 年，他们告诉笔者，控拜的许多银匠都跑了出来，现在村里师傅很少，控拜村有穆（最大姓氏)、龙、杨、李、潘(从外地移来的姓氏,不多)五大姓氏,最早出来的是姓龙的,他爱人的弟弟龙海军也经他们介绍来到凤凰有1年了,穆师傅的店里还收藏着旧时的老银,也称银锭,其上印制的文字有"八月银匠吴生,咸丰年""恭城县,盛泰来,光绪年"等字样;另外还有一些"袁大头"和龙洋、船版等银圆。对于这些旧时白银,由于提纯工艺没有现在先进,杂质多,必须慢慢锻打,穆师傅店中的银器大多为自己手工打造,这在凤凰古城内已不多得。顾客如有需要,穆师傅都会亲自用高温喷枪烧银来验证银子的真伪,真银子遇高温火烧不会变黑反而越烧越白。穆师傅当场用石膏模具给课题组翻做了一个龙头银饰,课题组看到一种一次性的石膏模具,穆师傅说这种模具只是他店里有,做银饰不怕火烧,即首先烧石膏模具,排出里面空气,然后将银放在石膏模具熔化,使其变成银珠,再将银珠倒在模具窝内,然后用泥巴封死,再用泥巴印石膏,对于有气泡的银熔化时加入硼砂,分离杂质,压下去用清水将石膏敲掉就可做成成品,洗完后再烧,烧完泡水脱掉石膏粉,最后将龙头编结在手链上。穆师傅就店里的手镯做旧工艺告诉笔者,现在很多城市游客喜欢做旧的银饰品,一个浮雕工艺的手镯做旧需用5天,一般做旧的工艺是浮雕图案,所以他现在也时常将银饰做旧。在凤凰县要做银饰创新,由于天天烧焊将眼睛烧坏了,所以现在一两个月设计一种新款式,一般是自己加工自己设计,不需画草图,基本以荷花、牡丹花等寓意吉祥的图案为主。当笔者问到他们银子的进货时,穆师傅说凤凰这里一般是送货过来,他们一般认为广东银子不行,而上海好一些,有些人一进就是一两吨,自己进一般进十几斤。郴州有私人提炼,银子易折裂,有损失。穆师傅也曾用港币、广东毫以及旧时有三个脚的桥宝(银锭)做藏族针筒。他们现在不单单做贵州的苗族银饰,湘西风格的银饰他们也做,比如湘西风格的五兵佩（老款）银饰挂件和银烟斗。同时穆师傅的儿子、女儿做很多现代风格的银饰，以满足凤凰的旅游市场需求。穆师傅还说，他们以前的旧店租金为每年 3 万元，现在新店面租金每年 26 万元；以前利润每月 3 万元，现在利润每月 1 万元。很明显凤凰城自收门票后银匠的生意差了很多。告别了穆师傅，课题组继续对凤凰的特色银饰店进行寻访。

离开穆仕林师傅的银店后，笔者赶到离"穆氏银饰"店不远的"海军银饰"店，采访了银匠师傅龙海军（见图 2 - 79）。龙师傅今年 48 岁，也是贵州控拜人，他 21 岁学习锻制银饰，是龙氏家族银饰锻制技艺的第四代传人，龙海军师傅原来在家打，但银饰价格低，一年前对凤凰考察后来到凤凰。龙师傅在錾刻上很钻研，到凤凰前他在黎平打了 10 年银饰，现在还有两个小孩在黎平读书，以前做旧品翻新，也做过雷山的牛角、花冠。雷山的银饰很大，一般在 6~7 斤，采用填版压片工艺，原来是用手工冲压。在凤凰做银饰重个性设计，他和妻子李登金在凤凰开了"海军银饰"店后，边手工制作边经营银饰。妻子李登金是贵州著名的银饰工艺大师，头号银匠师傅李正云、李荣军、李伟军的姐姐。龙师傅告诉笔者，现在在他的家乡，只要想学打银饰，拜了师傅后都教，现在他在店里就招学徒，教基本功。龙师傅还告诉笔者，现在远比（20 世纪）70 年代宽松，

图 2 - 79　凤凰县银匠龙海军在焊接银圈　　郑泓灏摄

原来学习都是给师傅帮忙，自己摸索，出师后自己去打。"文革"时出去打，按工分算，给生产队赚钱，队里定下多少钱，交够了剩下的就算自己的。以前打小孩银饰、小件东西多，大件不能打，要生产队同意才能打，20世纪80年代以后就可以随意打了。现在打常用的和适用的多。龙师傅告诉笔者，黎平银饰的打花和蝴蝶的图案，茶花最多。黎平不流行牛角图案，他的银饰掺进了很多侗族款式，黎平银饰与侗家银饰差不多，茶花一般要手工做，机压的不结实，手工的耐久。打完后用磷酸水洗净，原来是酸矾煮，煤油灯基本淘汰掉了。黎平本地很多银匠都是贵州过去的，西江的银饰也都是控拜银匠做的，年纪大的有一两个，现在打工的也少了，年轻人都回来打银饰。笔者还对龙师傅的生意情况做了一番了解，他告诉笔者，今年禾库的生意最好，凤凰2015年的银饰生意反而萧条，一个月收入2万~3万元，一个月最少有6~7天不开张，比凤凰收门票以前生意差得多。从活跃在凤凰县城的贵州银匠艺人来看，贵州西江控拜的银匠是贵州水平较高的银饰锻制技艺群体，他们在凤凰激烈的银饰商业竞争中始终保持着勇于创新的精神，他们走出家门，视野开阔后在银饰创新的加工制作上也产生了很多新鲜的元素。但是，在某些方面我国的民族民间文化还处在被轻视或被忽视的境地，因而银匠艺人的收入和积极性经受着极大的考验，对苗族银饰制作技艺及民间艺人的传承保护是促使民族民间文化发展与传承的唯一途径，而政府的政策保护和技术支持则是对其保护的重要手段，那种认为随着社会的发展，非物质文化遗产的消失是一种客观必然，主张自生自灭；强调在现有经济条件下保护非物质文化遗产的困难，以及只是注重个人利益，而无暇顾及其他的想法都是极端错误的，也是违背保护非物质文化遗产的宗旨的。

在凤凰的调研走访很方便，因为这里的银匠师傅很集中，除了有来自贵州、云南、广西、四川及湘西本地的苗族银匠，还有很多汉族银匠师傅，他们不仅加工自己的特色银饰产品，而且加工苗族银饰品或汉族银饰产品。在凤凰有名的汉族银匠师傅中，笔者采访了傅新华、文德中等人。离开"海军银饰"店，笔者来到凤凰县赫赫有名的"傅记银号"店，"傅记银号"店的老板是傅新华，他是凤凰县本地的汉族银匠，他曾经在工艺厂锻制银饰。他自己单独开店打银已有16年历史了，傅师傅的母亲是苗族人，他是傅家银饰制作工艺传承的第八代了，可见汉族从事银饰制作的历史要比苗族长。凤凰城里的老傅记银号在（20世纪）三四十年代就已停业，父辈因为经营困难，当年仅做小件物品维持生计。如今，傅新华又重新做起"傅记银号"的传承人，他在2000年重新将招牌挂出，虽然挂出的是老牌，但傅新华却在原有的老款银饰上做了大胆的改革创新，即不千篇一律地按照传统技法做，而是通过市场的行情和顾客的需要选择品种，在创作过程中确定一个侧重面，并在此基础上做出自己的特色，对银饰物品的做旧、镶景泰蓝、纯银镀金是本店的亮点。如今傅记银号已经由当年一个不起眼的小个体加工户，发展到现在拥有十多间门面的大铺——老傅记银号铺，成为凤凰历史文化名城里银饰行业的龙头老大，可见其经营的水平及技艺的精湛，现在傅师傅店里的纯银饰品都做有"傅记"的记号，这也成为本店技术与质量的象征。

采访完傅新华师傅，笔者在他及凤凰县文化局相关负责同志的介绍下到凤凰县苗族银饰锻制技艺传习所采访了文德中师傅（见图2-80）。文德中师傅的曾祖父文聚华是从江西风城于咸丰三年迁往湖南湘西凤凰县的汉族人，他是文氏银饰锻制技艺的第四代传承人。文德中师傅的祖父文荣昌于光绪二十三年在凤凰县城开了第一家银饰加工店，当时文氏家族的银饰锻制生意非常红火。到文德中师傅

的父亲文景星时，可以说是打银
的叮当之声日夜不停，沈从文对
于凤凰老街银饰锻制情景的生动
描绘就是对文氏银铺的真实写
照。文师傅从8岁开始跟爷爷文
荣昌学艺，至今已有48年了，
他在苗族银饰锻制技艺传习所里
从事锻造雕刻工艺，并把苗族文
化与雕刻工艺相结合，能根据图
案需求手工雕刻出各种花纹，他
在传习所内除了锻制银饰以外还
兼做银饰图案的设计，其作品有

图 2－80　凤凰县银匠文德中在锻打

郑泓灏摄

龙头手镯（见图 2－81）、鲨鱼尾手镯、树皮纹手镯等，这些产品均
表现出文师傅精美的雕刻工艺。以下是对文师傅的访谈。

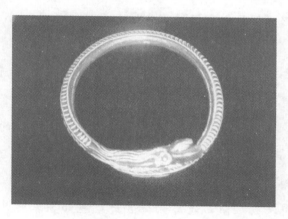

图 2－81　龙头手镯（文德中制作）　郑泓灏摄

笔者：你对银饰的发展是怎么看的？各有什么特点？你从什么
时候开始独立做银饰的？

文德中：我认为中国银饰分为五大块，一是以中原为主体、儒

家为主的汉族文化，其银饰图案及内涵辐射至周边；二是东三省满族等少数民族文化，银饰主要是器皿；三是与湘西、西南民族文化相同相近的银饰装饰在身上，器皿在过去不多，现在既有相通相融的，也有不相融的；四是西藏、宁夏、甘肃以佛教文化为代表，这些地区建银塔较多，通常有三、五、七级；五是新疆的装饰与哈萨克、巴基斯坦相通，妇女装饰在脚上、腰部，都不相同，各有特色。银饰最早装饰在男性身上，苗族则是全身武装，佛教银饰就不同，中原以龙凤为主，与满族相通。银饰在过去以中原文化为主导，先是实用价值，体现人的价值，再发展到审美价值，先用在男人头上，男人狩猎，用簪将头发绾起来，银簪都是用在男人头上，银饰制作技术有了冶炼以后就有了，苗族传统银饰则是上门订货加工。我从8岁开始学习，十多岁就开始自己做，原来主要就是做银饰，后来进五七干校，在党校也兼做银饰。

笔者：很多银匠师傅曾说银饰是苗族人向汉族人学习的，是这样吗？能介绍一下你们家银饰生意红火时的情景吗？

文德中：是向汉族学的，我曾祖父从江西过来的时候是带着资本来到凤凰安家的，湘西王陈渠珍曾尊我曾祖父为儒商，而我祖父则属于清末最后一批秀才，当时我家有7~8个银匠师傅，都是江西一起过来的。那时候家里的银铺很是忙碌，每次开饭的时候下人都要准备7~8桌，银饰技艺也就此传开。那时候山江、阿拉的师傅都曾在我家住过，旧时的凤凰银匠有四大姓最出名，即文、肖、张、杜四家，都是汉族人，而我家做得最大，现如今其他几家已经不做了。原来肖家的手艺不错，肖银匠名为肖兴国（志安），他在我家学了8年，过去学徒是3年，第一年做义务工，我曾祖父在他学习4年后给他开5块大洋，5年后他就自己做老板，积聚了资本，再加上师傅给了一笔钱后就自己开店了，那是师傅准允才能开店的。凯里的石玉清（苗族）也曾到我家学打银饰，当时石玉清从贵州到凤凰讨饭，十一二岁到文家来，后被我曾祖父收为徒，他学得很好，后来也在凯里开了店，以后每年都来拜谢师傅。麻茂庭的父亲麻清文（苗族）因为当时手艺没那么好，所以也在我家学过一些技艺。另外腊尔山夺希镇的石云林（苗族）当年也曾拜我曾祖父为师，还有凤凰勾良苗寨现年85岁高龄的龙云炳（苗族）师傅，我曾祖父还教过龙文炳父亲对焊技术，他们当年都跟我曾祖父学习过打银饰。吉首乾州银匠张吉旺随后也在我家学习，是向我祖父学，后到了腊尔山五七干校，现在民俗园这里的60亩田过去都是我祖父的。那时候凤凰城都知道我家在麻阳的龙潭河烧炭，而且每次沿沱江而行的一二十船木炭都是我家订的，人们都知道一进东门靠左手就是文家，当时银饰生意好，苗族人基本来这里定。后来"文革"爆发，我祖父被打成地主、资本家，家里一时间清闲了下来，就这样，在（20世纪）70年代就不做了，而且很多银匠也不做了，工具也卖掉了，手艺也丢失了。"文革"后省政府为了恢复技艺又重新叫人来做，于是我祖父丢下十几年的手艺又开始被捡起来，我1994年在县商贸大厦加工银饰时又找到张吉旺，跟他一起研究恢复银饰技艺的事情。

笔者：原来做银饰工具有哪些呢？湘西银饰业从什么时候开始很兴旺的？原来打银饰情况怎样？

文德中：原来是先用桐油灯，后用煤油灯、汽油灯、液化气等，石膏板成分大部分为松香，光钻子就有两千多枚。旧时有朝廷下拨纯银给地方官员，百姓家如果生下男丁就可以每年领粮或银，所以也叫兵粮或兵银，甚至百姓家喂养的马匹，如被选中的话也可领马粮或马银，所以湘西很早就流行了银饰的佩戴。新中国成立后银饰生意更是红火，1958年自治州民委的龙辑武到北京开会，受到周恩来总理的接见，当总理问到苗族人们的生活需求情况后，龙辑武提出苗族重视白银，很需要银打银饰，并跟周恩来介绍说："我们凤凰也出了个能希龄总理，我们这里什么都不缺，就缺银子。"结果周总理马上答应给湘西拨银，每年拨30万两，下到省银行，由省里再拨银到吉首五金厂交给乾州的张吉旺手工打。1961年后，省里开始要我祖父组织人打，龙辑武每次到凤凰的时候都要到我家看望我祖父，由于我父亲年轻时参军，到1952年才回来（在常德地区的银行工作），于是我就正式接替祖父做银饰。（20世纪）70年代打银饰要上交百货公司，而且是定量做的，我在银饰上都会打上"凤白纯银"的字样。当时下拨的30万两白银，周边少数民族都可购买，原来在凤凰购买银饰要有结婚证才行，各供销社都管银。

笔者：那你打银饰时还兼做设计，每打一个新图案要草图吗？打的图案有哪些？有什么审美讲究吗？

文德中：我打银饰不用画图，以龙凤、花鸟虫鱼为主，蝴蝶、蜻蜓这些生活中常见的都做，因为我小时候学过画，有绘画基础，尤其是素描，曾经向杨洪昌学过绘画（笔者注：杨洪昌当时为凤凰县著名书画家）。设计的图案都是边做边想，要在实践中才能创作出来，如果放下工具凭空想是设计不出来的。我比较擅长錾刻，基本上是所有流程都做，如平雕、浮雕、镂雕。银饰的审美讲究很多，比如蝴蝶的"蝴"与"福"谐音，意为幸福的传承，所以蝴蝶打得最多；而且雕"蝴蝶"还要分雌雄，女子出嫁前雌在右、雄在左，以示子孙相承，不能钉错，雄蝴蝶腰长瘦，条纹为单，雌蝴蝶腰短肥，条纹为双，女子出嫁后雌在左、雄在右，以示有子有孙，这也是约定俗成的文化蕴含。

笔者：那你现在有徒弟吗？传习所的银饰销售如何？

文德中：我曾带了两个徒弟，有个自己已开店，生意很好；现在的徒弟姓向，叫向文军，是花垣吉卫人，十几岁外出打工，经过一段时间磨炼后又回到家乡，现在已有30多岁。他是打工回来向我学的，他本人对银饰比较感兴趣，他也说为了师傅的錾刻工艺不流失，所以想把这门手艺传承下去，年轻时性子较急，现在看多了外面世界的浮华，反而能沉下心来认真研究银饰。原来的苗族银饰很简单，汉族带来银饰锻造技艺后（这里的银饰制作）就达到最高峰，特别是拉丝，汉族技术是很好的，我的作品曾被香港的谢瑞麟收藏过，我认为做银饰犹如做人，要朴实，要以美德服人。打银饰要有自己的印痕，也可看出跟什么师傅学习的，打上银匠名字以说明信誉度。传习所银饰价格为30元一克，一天的销售额最多可达50万元，一般的时候也有20多万元的收入。

　　随着调查研究的深入，笔者对活跃在湘西地区的苗族银匠有了进一步的了解，从采访的范围来看，银匠基本集中在湘西中南部地区，对湘西中北大部分地区的苗族银饰人们很少关注。课题组成员通过讨论，认为古丈县内的苗族人口有7万人，且占到了全县人口的52%，既然这些地方仍有苗族居住，就必定有着他们喜爱的银饰，带着这样的判断，课题组先后走访了古丈苗族集聚的龙鼻、坪坝、茅坪，吉首市马颈坳、河溪、太平等乡（镇）。据笔者了解，目前真正从事苗族银饰锻制的本地银匠只有来自保靖夯沙乡75岁高龄的施家科师傅（见图2-82），当地人称他为"匠翁"，施师傅从事制银工艺已有

图2-82　吉首银匠施家科
郑泓灏摄

55 年，原来在老家夯沙乡排扒村做，2000 年到吉首后专门做吉首周边的苗族银饰。他说，在他年轻时吉首、古丈都有银匠，但很多由于手艺不精而改行，有的已经去世，只有施师傅坚持做了数十年，成为吉首远近闻名的银匠师傅。目前，他和爱人龙兴英一起继续做着吉首、古丈、保靖等地的传统手工银饰，然后再赶夯沙、矮寨、马颈坳、龙鼻、大兴的集市去出售。以下就是对施师傅的访谈。

笔者：您现在做的银饰以哪些图案为主？各有什么特点？吉首、古丈等地的苗族银饰有哪些种类？

施家科：我打的图案主要有偏桃、正桃、猴、花篮、梅花、狮子、龙、蝙蝠、凤凰、石榴、鱼、菩萨、罗汉、牡丹花、蝴蝶、八仙、古钱、灯笼、簸箕等图案样式，主要根据客人需要而定，有时也打秦叔宝、尉迟恭、宫殿、五子门神等银牌图案。吉首、古丈和保靖等地的银饰款式大体差不多，我们这边的银饰种类没有凤凰、花垣那么多，但讲究精细和灵巧。我做的银饰虽然有模具，但我坚持手工制作，花纹图案和样式都是我父亲传给我的，变化不大，主要是我们这里的苗族还是喜欢以前的款式，打现代图案不一定要。吉首、古丈的银饰种类有牡丹头饰、梅花头饰、项圈、牙签链、围裙链、三根丝手镯、竹叶手镯、五连箍戒指、九连花戒指、龙头瓜子耳环、根根耳环、银簪、儿童帽链、儿童手镯、后尾等。儿童的银饰种类要多一些，花样也多，老年妇女没有太多讲究，年轻女孩子讲究多一些。

笔者：能给我们介绍一下你做的这些银饰的含义吗？

施家科：好，如这个牙签链（见图 2-83），上端是蝴蝶，两边刻"富家之宝"四个汉字的瓜子吊方形灯笼，寓意家庭殷实必须要以此为传家之宝；中间两段分别是花篮、偏桃、猴、鱼等什物；下端为"四蝶闹花"银牌，银牌垂挂物件是耳挖、火枪、大刀、宝剑、芭蕉扇、牙签、红缨枪等器具。这个是围裙链，我们叫"拿卖贡"，整条链由 32 朵梅花将蝴蝶、花篮、凤凰等图案串联起来，最上端是塑有"永存千秋"和"长留万年"字样的方形瓜子吊灯笼，下端缝钉在腰裙上的银牌锻制凤凰或秦叔宝、尉迟恭、五子门神、宫殿等图案，喻示只有永远流传此件银饰物品方能永保家族人安年丰。还有儿童扣链，链上连接四只蝙蝠、"寿"字、古钱、狮子踩球和鳌鱼等图案，相传古时天塌下来是鳌鱼撑起的天空，喻示小孩长大能有所作为、敢于担当。还有压印"天子门生"汉字挂头印的儿童手镯，喻示小孩是老天赐的，父母需要加倍珍视，鱼簌箕寓意小孩要从小做事勤快。还有"三龙出洞"儿童银后尾图案，喻示小孩长大后飞黄腾达的美好愿望。还有一个五连箍套戒（见图 2-84），

图 2-83　牙签链（施家科制作）
郑泓灏摄

它由四个花丝戒指和一个光面戒指组合而成，戴时将它们扭和在一起形成一个套戒组合，脱下时是相互分离而又彼此串联在一起。

　　笔者：您做银饰这么多年收入怎样？做这个行业的人在吉首、古丈等地的多吗？他们做得如何？

　　施家科：收入还可以的，（20 世纪）60～70 年代我在保靖县百货公司打，那时候银饰比较好卖，需要的多，一般一套差不多有四

图 2-84　五连箍套戒（施家科制作）　　郑泓灏摄

五斤，但收入低。80 年代以后我自己单独做，90 年代生意慢慢好起来了，收入比那时候高，现在不像原来需要那么多款式，一年做八九套的样子。我原来做银饰还要从旧光洋中提纯银子，现在一般从吉首市珠宝公司进纯银，每次进十多斤。我一般一周赶 2~3 次集，赶夯沙、矮寨、马颈坳、龙鼻、大兴的集市，在龙鼻赶集龙头耳环好卖，大兴寨手镯、牙签、围裙链卖得好，吉首市百货公司也销得不错。今天赶集卖了 800 多元，除去成本纯赚 500 多元，赶上旺季，比如从下半年到冬月，过农历年的正月初一到十五，端午前后和立秋赶集能赚 1000 多元，加上平时上门定做的，一年下来赚两三万元。干我们这行的人现在越来越少了，没有人愿意学，在我跟父亲学的时候就知道在龙鼻花垣村、九龙洞、坪坝等地都有银匠，有六七个手艺比较好的银匠，现在好多不做了，（银饰制作手艺）在龙鼻镇已经流失了，现在做吉首、古丈等地银饰的师傅基本上只有我和我儿子了，儿子在保靖县城开店，边做边卖。

　　笔者从对吉首苗族银匠施家科的访谈中了解到，他是一位既自已打制银饰，又亲自售银的老银匠，他自制的工具非常简便，银饰制作巧妙，工艺精湛，体现了苗族人民的聪明才智。

笔者针对流行于湘西各地的苗族银饰，从其发展的历史源流、地域特色、锻制技艺、图案造型、产业文化等方面分别做了详细的访谈，对目前仍然从事该行业的各地银匠师傅进行了梳理，从而认识到苗族银饰发展的脉络，以及苗族群体对银饰的需要是其艺术创作的准则和动力，群体的认可是其发生发展的逻辑。理论上说，苗族银饰的创新在最初阶段就开始了，但严格地说，这种创新的全面推动应该是从苗族内部出现第一批本民族自己的银匠开始的，于是民族审美定式在这一过程中形成并起到决定性作用，任何细微的变化都必须服从它。苗族银饰的纹样和造型，最初受到汉文化影响最大，但之后不断融入本民族的文化元素与审美观念如何站在民族文化的立场上，保留那些可以融入民族社会生活的东西，扬弃那些同民族社会生活毫不相关的表象文化元素，正是银饰进入民族文化社会的必经阶段。这个取舍过程应该是从银饰进入即开始，并伴随着银饰的不断创新而将始终持续着。

第三节 黔南都匀、贵定、惠水实地调研

要全面了解苗族银饰的审美内涵，单单从黔东南、黔东、湘西等地去了解不免有失偏颇。苗族分布地域广泛，支系繁多，这就必然产生不同支系的银饰风格，而作为苗族人口相对集中的黔南地区，其银饰的穿戴形式、图案规则，以及审美风格都与黔东南和湘西不同。不仅如此，在黔南的12个县（市）中的苗族人口中，苗族银饰的差别也相当大。黔南的苗族人口虽然没有黔东南那么多，只有52

万人，占全州总人口的 12.69%，但黔南苗族银饰却多受水族、布依族、壮族、瑶族、侗族等各族银饰风格的影响而产生不同的形式，甚至有很多地区的苗族银饰直接是由水族银匠或布依族银匠加工的，所以其银饰造型也糅杂了其他民族的款式风格，因而呈现的面貌也是丰富多彩的。在黔南的各个苗族地区，惠水是苗族人口最多的县，全县 25 个乡（镇）均有分布，达到万人以上的苗族乡有鸭绒和摆金两个乡，而且县内苗族支系分布较多，共有 8 个支系，分为摆金支系、鸭寨支系、岗度支系、董上支系、大坝支系、摆榜支系、斗底支系和长田支系，其中有 6 个支系分布于涟江以东的摆金、鸭绒等地。笔者经过初步了解后，首先来到都匀市的石板街，石板街虽然不过短短的 500 米，却集中了十多家银饰店，银匠老板多数来自凯里雷山、台江地区，如来自凯里的邰胜成和来自台江的徐通武；也有本地的水族、布依族银匠，如三都县的水族银匠韦良恩和韦良文，来自布依族的银匠陈贵敏（后改水族）和蒙国秀。其他还有来自王司的苗族银匠陈国富；乌约寨的吴龙菊等。当然还有很多来自福建的从事机械化锻制银饰的师傅，他们一边锻制银饰，一边兼做银饰销售。石板街是都匀有名的民俗文化街，每天逛石板街的顾客络绎不绝。无论从哪个地方来的银匠师傅，到了石板街以后都无一例外地加工起当地苗族银饰款式。笔者从石板街的银匠和地方民宗局了解到，黔南有一百多人打银饰（包括各民族），他们基本上是亲戚，多集中在黔南的东部、南部和西部。都匀地区有 20 个较好的银匠，除了石板街开店的银匠师傅外，在坝固镇有 2 家，基场乡基场村有 10 家左右，基本上是韦良恩的远近亲戚。都匀东部苗族因衣裳崇尚黑色故称"黑苗"，有 49506 人，占全市苗族人口的 70.53%，主要分布在坝固、王司、基场、阳和、奉合、大坪、洛邦、小围寨、沙包堡、河阳、墨冲、良亩等乡（镇），银饰则以坝固、王司、基场最有特色。都匀西部苗族因衣裳尚白色故称"白苗"，有 20685 人，占全市苗族总人口的 29.47%，主要分布在都匀市石龙、凯口、沙寨、平浪、江洲、摆芒、甘塘、杨柳街等乡（镇）。西部地区的苗族主要在挑花、刺绣、十字绣方面非常讲究，对银饰的穿戴比中东部地区要少一些。笔者同时向几位银匠师傅了解了黔南苗族银饰的图案造型，该地的银饰图案中有三种图案造型是必不可少的，即树叶、鸟（苗语称"干楼"ghab nes）和牛角。银饰中的各种花原来并不特别讲究，现在有所流行，另外佩戴最大的头饰就是"山字形"角饰，流行在坝固的坡脚寨和三都的都江镇和打鱼乡，称为牛角。黔南苗族的图腾图案为树、树叶和牛角，枫香树的花很多是后来加进去的。汉族文化被称为"保寨树"，每个寨子里都有，是祖先种下来的。在黔南，没有"蝴蝶妈妈"的传说，因而蝴蝶地位没有鸟的地位高。在银饰的佩戴上讲究必须要有项圈，项圈有几种，有戴在最上面一层的戒指项圈，流行于坝固地区，戴在中层的项圈是方形绕圈，最下面一层是方柱扭形项圈，项圈代表着财富；还有一种水泡项圈，也称泡圈，代表着美观。惠水县摆金镇苗族除了与都匀完全不同外，与其他地方的苗族都有相同之处。黔南的苗族人口中，都江（老城）、摆金、坝固、王司、基场银饰多一些，贵定、龙里、福泉的银饰虽然不多，但佩戴习俗和图案也有很大差异，比较原生态。黔南的各少数民族的居住特点为坎上苗族、坎下水族、平地布依族，本地的银匠很少，很多时候不能满足广大苗族社会对银饰的需求，所以很多水族、布依族、壮族的银匠也就担任了加工苗族银饰的工作，他们在加工苗族银饰的时候同时也融入其他民族的审美习惯，因而黔南各地的苗族银饰款式繁多，图案非常丰富。笔者通过将黔南苗族银饰与水族银饰进行初步对比观察后发现，苗族银饰的造型整体稚拙，图案抽象饱满，花纹布局多呈对称、放射、求全式的审美处理，很少以平面银片作为银饰的图案要素来呈现，银饰的总体感觉是具有单纯性和体量感。水族银饰造型比较细碎小巧，图案具象写实，总体感觉是轻薄精细，很多小型的坠饰都是银片直接修剪而成，不做太多太满的花纹装饰，银饰上多镶有彩色珠饰。

对黔南地区苗族银饰做了地区分布的大致了解后笔者开始进入苗区，从都匀出发，于 2013 年 1 月 22 日周三的中午到达坝固镇，这一天正好是坝固镇的集市，在坝固沿途，看到这里许多苗族妇女都戴树叶耳环，即使其他银饰不戴，也必须有一副树叶耳环戴着。穿过熙攘的人群，我们来到了坝固的仕华银饰店，店里的老板兼银匠师傅叫李仕华（见图 2－85），是从西江麻料银匠村过来的黔东南苗族银匠。麻料村曾举办过 180 人的银饰会。李仕华在 2007 年"两赛一会"黔南赛区银饰旅游商品设计大赛中获得过二等奖，2008 年在重庆的比赛中获得能工巧匠第三名，2009 年在贵阳的比赛中获能工巧匠第二名，2011 年在"多彩贵州两赛一会"上获得千人赛优秀奖，目前是黔南州的著名银匠师傅。李仕华小时候跟随父亲学习打银饰，他 13 岁时举家迁到都匀的坝固镇，之后一直在坝固镇锻制银

图 2－85　都匀坝固镇银匠李仕华在出售银饰　　郑泓灏摄

饰。李仕华 18 岁时开始独立做银饰，30 岁时在坝固镇租下门面，开始定点加工黔南苗族银饰，如今他的银饰店已经开了 15 年，妻子、儿子、儿媳、女儿等都在一起做银饰。李师傅爱人陆卖丁（见图 2－86）到坝固镇 10 年，目前也在协助丈夫锻制银饰，以下是对李仕华师傅夫妇的采访记录。

图 2－86 李仕华妻子陆卖丁在錾刻银饰 郑泓灏摄

笔者：听说你家也是银匠世家，请问你们做银饰有几代了？情况怎样？

李仕华：我家做银饰共有 6 代了，第一代我不记得名字了，当时人称李银匠。第二代是我太爷爷叫李哥强，李哥强有两兄弟，都是银匠。第三代是我爷爷叫李占哥（已经过世），其中乡下还有我爷爷的兄弟李王哥（90 岁）和李你哥（80 岁），我爷爷有 5 个兄弟，都打银（饰），现在健在的就只有李王哥和李你哥了。第四代是我父亲李光和，已经 68 岁了。第五代是我。第六代是我儿子李才文，他是 1991 年出生的，做银饰也已经 6 年了，我儿媳妇李达慧，和我儿子一起做银饰。女儿李才英在读书，平时也在店里帮忙做洗银工作。我的弟弟们都在凯里打银（饰），他们分别是李仕才、李仕红和李仕光。堂叔伯（公）在锦平、贵阳打银（饰）。我爷爷和爸爸以前到过很多地方打银（饰），也打三都、荔波、广西桂林瑶族和壮族的银饰。1958 年没饭吃时，爷爷带着我爸和我来到坝固做银饰，现在黔东南的银饰也打，同时黔南这边的侗族、水族、布依族银饰都打，原来在寨子里打。（20 世纪）80 年代分田到户以后，就固定到这边打。现在回西江麻料的日子很少，一般过年才回去几天，过年苗族活动多，有看会的、跳芦笙的，都要戴银饰，所以初四或初五就会回来。

笔者：黔南的苗族银饰佩戴有哪些款式和图案呢？银饰品价格怎样？

李仕华：黔南的银饰虽然没有黔东南的多，但做起来也很复杂，头饰重 9 两，其部件有带钉头梳，大的重 7 两、小的重 5 两，分别插于脑后面：前面插带花的头叉，头叉重 4 两，直接插在头发上；银鸟插在头顶上，重约 4 两；插在头发两边的是银花甲虫泡钎，苗语称"波扩"（bod kob），其做法是将银片放在牛角槽模子上从浅到深慢慢敲成。头饰 1200 元一个，王司的头饰多一个装饰物，银泡钎为 5~7 个一组戴在后面，绕发银丝为银螺丝梅花链，要两个人做 6~15 天才能完成（包括拉丝），做一个头饰要 4 米多长的银丝。银泡钎头花是蜜蜂龙头图案（见图 2-87）；银冠上的头牌要做 3 天，由 8~10 个圆形的蜈蚣龙图案组成，是戴在前面用来绾头发的装饰物品，这边图案有龙、枫树叶，叶子上刻着竹子、花叶。用在耳环上的还有鱼针耳环，手上流行佩戴宽带手镯一只，加上八方手镯一对（见图 2-88），还有女式的银烟盒（见图 2-89），上面刻有茶花。

图 2-87 蜜蜂龙头银泡仟（李仕华夫妇制作） 郑泓灏摄

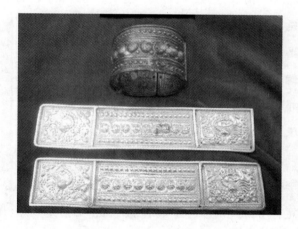

图 2-88 八方手镯（李仕华夫妇制作） 郑泓灏摄

图 2-89 女式银烟盒（李仕华夫妇制作） 郑泓灏摄

项圈戴 3 个，分别是泡项圈、戒指项圈、方柱纽索项圈。苗族结婚时新郎头帕前戴银凤尾 1~3 片，老银比现在的银子还好，银锭比现在的含银量99%银要好，我们麻料村家家都是银匠，与控拜银匠村是面对面相邻的。

笔者：坝固一带的银饰一般做什么花、什么动物？你们打过很多地方的苗族银饰，每个地方有些什么特点？

陆卖丁：黔南都流行浮萍花，鸟身上打的花都是浮萍花，还流行铜鼓花纹，一般钉在衣服两边，苗语称"蹦勾"（banf ud），打鸟、叶子、12生肖（图案）也多，耳环会打12生肖（图案），戒指也有12生肖。项圈上一般动物图案多，有狮子、麒麟、鱼、鸟、龙。头饰都是插在头顶辫子上，蝴蝶喻示着姑娘，表示姑娘出嫁就飞走了的意思。荔波的图案一般以人为主，黄平以花为主。以前大部分是用白铜打，现在生活好了用纯银，白铜从凯里买来，银梳子上的钉有辟邪之意。2010年我为女儿做了3个月的银饰，衣服后面是动物，衣服两边是铜鼓花，苗族银饰梅花图案很少，只有梅花链。黔南苗族银饰没那么硕大和精细，但零散的种类还是很多的。

采访完李仕华，笔者深刻地感受到银匠由过去的游走式锻制银饰到今天的定点加工和上门订购，银匠的社会地位正在不断提高，这也使苗族人的审美观念开始逐步转变，并且对银饰的喜爱由被动转为了主动，审美认识不断成熟。银匠的游走不仅代表中国古老的传统货郎式的商品流通模式，也从某一方面印证了他们传承并发展本民族银饰审美文化的决心和愿望，这不仅影响和改变了人们的审美理想，同时也适应了银饰市场的供求关系，将这一审美需求引入市场，大大丰富了人们的生产生活。事实上，这些银匠恰恰是拥有最活跃的思维观念和创意，以及最善于抓住商机的人。为了更为全面了解黔南苗族银饰的特点，笔者在坝固的另一条小街上找到另一位银匠师傅陈国富（见图2-90），陈国富师傅是王司新场村过来开店兼做锻制银饰的，虽然已65岁，但陈师傅仍是坚持每天都锻制银饰。他 25 岁开始打银，打了 40 多年，在坝固镇是小有名气的本地银匠，以下是对他的采访，记载如下。

图 2 - 90　坝固银匠陈国富在焊接银饰　　郑泓灏摄

笔者： 你能给我看一下你做的银饰并介绍一下坝固苗族银饰有哪些种类吗？

陈国富： 好的（陈师傅拿出银饰品），黔南的银饰种类很多，坝固和王司、基场等地对银饰的佩戴差不多，只有细微差别，这几个地方只要有订单都会做，做的银饰有头饰。头饰有银链，苗语称"雪妮"（xy npie），需要 5 米，1 天做两尺需做 7 天共 14 尺左右，戴时要缠得看不见头发，需要 8 天完工；银花盘、银泡钎（为三层空心），苗语称"宝千"（Paof qieeb）需要 1 天半完成，戴时 7 个银泡连在一起插在脑后，还有银角等。银头牌由 10 个银泡组成（也有 8 个组合的），苗语称"毕科力"（benx gangb nix），需要 3 天完成。还有一种是"双龙抢宝"银牌，龙图案周围有 5 个宝，中间有一个"寿"字，苗语称"都省"（doud senx）。头上的附属银插件有银鸟，苗语称"楼利"（nes nix），需要 1 天时间完成，鸟身上是梅花，也是 1 天时间完成。上面的吊坠（也叫瓜子）苗语称"批力"（phab deit），上连蝴蝶，是个扁平的鸟尾，苗语称"嘎戴"（ghab daix）。胸前饰品有戒指项圈、泡项圈、刻花板圈、方柱钮项圈等。项圈，苗语称"勾利"（ghongd nix）；泡圈，苗语称"勾纠"（ghongb jiub），1天工完成；方柱纽锁项圈，苗语称"勾乃"（ghongd nix），1天工完成；扁项圈，苗语称"勾边"（ghongb bian）；钉梳（见图2-91），苗语称"牙波"（yas bod），2天工完成，钉梳上7个钉，下8个钉，戴在后面，梳子用松木订制。耳环有叶子耳环、蝴蝶银花坠穗耳环等。手镯有宽型蜈蚣龙银手镯，另外还有银烟盒、圆形锯齿纹银帐钎（用于固定蚊帐的）、结婚时女方亲戚送男方的银凤尾，苗语称"代利"（daix nix），习俗是女方的妈妈、舅舅各送一根。

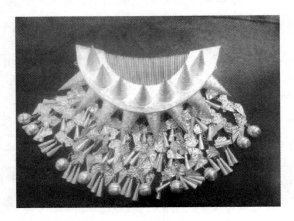

图2-91　银钉梳（陈国富制作）　　　田爱华摄

笔者：你常做的图案造型有哪些？银饰价格如何？你目前是一个人做还是与他人合伙做？

陈国富：常见的动植物都做，主要图案有梅花、树叶、龙、鸟、瓜子、小米、蜈蚣、蜜蜂、蝴蝶等图案，基本上就是这些图案，变化不多。银饰是按手工付钱，一天手工100元，一套银饰完成主要的8件套需要两周多时间，约2000元的手工费。目前我的第四个儿子陈永六和我一起做，他基本继承了我的技术，但还没自己独立做，主要是给我帮忙。

通过李仕华夫妇与陈国富的描述，笔者基本清楚了流行于坝固、王司、基场以及都匀市的苗族银饰佩戴风格，也了解了居住在坝固、王司、基场以及都匀市银匠的制作银饰情况，由此得知不同苗族地区对银饰佩戴的审美理解是有区别的，其装饰部位和装饰图案的要求都包含着苗族不同支系中直观、稳定以及综合的群体认同意识。从坝固出发，笔者前往黔南中西部苗族集聚地区——贵定，贵定的苗族银饰佩戴别有一番情趣，这里的苗族属于云雾山支系，该支系自称"莫"，分布在贵定县云雾、铁厂、小普、江比、谷撒、仰望，惠水县岗度、本底，龙里县岱林、渔洞、摆省等乡（镇）。笔者来到最具代表性的、最为原生态的云雾镇鸟王村，鸟王村在 20 世纪 70 年代至 80 年代中期非常贫穷，80 年代后期，政府采取扶持政策，鼓励村民栽种云雾茶树，云雾镇便由此而得名。如今随着村民生活的改善，苗族的传统节日开始逐渐恢复，现在每逢上半月，女人都要到花场上做挑花，男人则在花场边吹芦笙。他们一般过四月八、七月半、正月节，这时候的女人身穿盛装服饰，戴上镶有海贝的银背牌，到花场上一展自己的绝活，使民间工艺文化得以很好地保存和延续。鸟王村现在有村民 610 多户，全部是纯苗族人口，村里姓氏最多的是雷姓，另外还有金姓和陈姓。笔者来到距离云雾镇 15 公里的鸟王村，这里的银饰比较简单，最显眼、最富有特色的就是项圈银背牌，一般是用直径 2 厘米的 56 个圆形银泡分 4 排连缀在布带上挂在胸前和背后，这支苗族因为背牌的尾部由 25 个海贝壳连成一串作为装饰物而被称为"海虺苗"。56 个镶银泡的背牌上有几种花纹，以"福""禄"字样为主，其意为企求生活幸福美满。笔者来到鸟王村的雷作本、雷邦生父子家里，雷氏父子一家 8 口人都住在一起，家庭气氛十分和谐，当笔者问到苗族银饰的相关问题和穿戴时，雷邦生随即叫出他还在读初一的女儿并让她将一身苗族服饰穿戴起来。当笔者问到银背牌上的贝壳时，雷邦生答道，这是老一辈从海里拿出来的，由于贝壳很值钱，在贵州又稀少，所以将它钉在背牌上做装饰，整个银背牌图案造型都很简单。笔者问及这边是否有与蝴蝶相关的银饰品和传说，雷氏父子很肯定地回答，没有蝴蝶妈妈的传说，并且向笔者说起有关鸟是苗族祖先的传说。

据说很早以前，鸟王苗族从江西迁徙过来。原来这个地方不叫鸟王，当时苗人的老祖母死亡时，有个乞丐过来说，祖先死了后要埋在这个地方，就是现在的鸟王村。这个地方有个井，棺材盖要盖在井边，结果苗人听错了，以为是在贵州省边，埋下去后，棺材盖从井边冒出来，这才知道错了。埋下去的老祖宗没有了棺材盖就生出两个女孩，她们长大后拿簸箕玩，后簸箕变成翅膀，于是她们飞过杀人关、九龙营、关上，最后死在关上，在这三个地方生育子女，于是这里就被称为"鸟王"，实则叫"仰望"。由此可见，黔南的很多地方还是很尊崇鸟为祖先之说的。

笔者就银饰的锻制问到了当地银匠的情况，雷邦生告诉笔者，原来在云雾镇是有一个本地银匠，他住在离云雾镇10公里处的扬场村，人称黄银匠，他曾经在平塘县长不乡打过（银饰），后来不做了。现在鸟王及其相邻的13个自然村寨没有银匠了，这里的银饰都是从惠水买来，由惠水的银匠加工并定做的。

在这里，笔者再一次见证了苗族银饰这一奇特的文化现象，由于分布的不同、支系的区别，每个地域的苗族银饰都体现出本支系的民族文化符号特征，其中所蕴涵的深厚文化内涵和其表现形式都深刻地体现出设计美学的价值，各支系苗族人民生活中世代承袭模式和主体图案积淀着一股浓郁的民族自我认同意识，从而彰显着本民族特色的构成要素和标识。在云雾镇待了两天，笔者走完了鸟王村的整个村寨。笔者又来到苗族的另一个集聚地——摆金镇。摆金支系的苗族自称"毛"，他族称为"打铁苗"，分布在惠水县摆金、甲烈、甲浪、大华、和平、鸭绒等乡（镇）的部分村寨。境内居住着汉、苗、布、回、壮等民族，各民族都有着经过悠久岁月形成的民族生活习惯和多姿多彩的民族风情，苗族的刺绣、布依族的蜡染以及反映摆金人民的勤劳和智慧的工艺品体现了各民族的风情。摆金由于多姿多彩的文化艺术加上丰富而又古朴典雅的民族风情，1990年被贵州省文化厅评为第一个"民族歌舞之乡"，1991年被命名为"艺术之乡"。笔者来到摆金时正逢摆金赶集，通过摆金镇高寨村村支书杨光超的介绍笔者找到这里有名的银匠师傅穆秀峰、杨光叶（雷山著名银匠杨光斌的妹妹）夫妇，他们都是从雷山控拜过来的，穆秀峰16岁开始做银饰，18岁就到凯里做，现在主要做摆金的银饰类型，已在摆金做了20多年，高寨80多户及邻村的银饰加工都是由他们完成的。笔者对他们夫妇进行了访谈。

笔者： 摆金的银饰和凯里的款式有什么区别吗？摆金的银饰有哪些种类？

穆秀峰： 这里的银饰制作和凯里的差不多，只是款式不一样。摆金的银饰种类有头饰，又叫银钗（见图2-92），苗语称"九春"（jiu chun）。腰饰主要是银荷包（见图2-93），苗语称"五色"（wu se），上面打上凤花、鱼、蝴蝶、灯笼（图案）；耳环为涡纹耳环，另外有耳柱，为莲蓬花（图案），还有灯笼耳环，苗语称"按别脚"（an biejijiao）。胸饰为后面捆彩色丝线的项圈，而且项圈数要双不要单。手镯一只手最多有戴3只的，是宽边的，也有绞丝缠绕的。小孩的银饰也很多，苗语称"阿撮挫罗"（a zuo cuo luo），花纹有麒麟、老者、鱼、花。苗语将花统称为"阿本莲"（a ben lian）。帽子上打的银帽符为八百罗汉像。

图 2-92　银钗（穆秀峰制作）
郑泓灏摄

图 2-93　银荷包（穆秀峰制作）
郑泓灏摄

笔者：摆金的银饰佩戴有些什么讲究？寓意怎样？

穆秀峰：摆金的银饰佩戴已婚和未婚的区别很大，已婚妇女绾发髻，头包小头帕，也插银花，但花相对少很多。便装以素色为主，着装简便，盛装不仅要穿有精美刺绣的外装，还要佩戴各种银饰，即盛装时未婚女子头顶绾发髻，外包圆形大头帕，再用宽2米，长16米的蓝布裹住青帕数圈，然后用挑花红带缠紧，外套绣花帽罩，帽檐周围吊上一圈拇指大小的银珠和玉珠，在青布发髻上插两根各由4条银片组成的银冠，银冠两侧分别插上各种小银花，脑后横插一把银梳，挂上涡形耳环，颈戴银圈数只，衣袖外围也钉有很多银泡。另外，腰上除了系上坠有银泡的织花带外，还要在腰前后挂上银铃和 3 只银荷包，两只手最多可戴 6 只银手镯。荷包上必须要一对鸟，中间的花象征"宝"，寓意为"二鸟抢宝"，银荷包有 40～50 年的历史了，原来都是布上绣花，苗银就有所变化了，纯银不会变。银荷包的原型为布荷包样式，制银工艺只有压片。银钗喻示枫香树，上面为叶子，两端为鸟，叶片上有三联吊，银钗上打草花，银饰图案多以植物为主，植物为枫树。节日（妇女）多戴银饰，一整套要 3 斤多重，围腰银扣上的图案有蝴蝶、龙、鱼等图案。小孩背带上的圆泡为蜜蜂图案，都有吉祥之意。

笔者：摆金的银饰这么多年来变化大吗？都什么时候佩戴？

穆秀峰：摆金的银饰制作没有黔东南竞争大，按当地习惯做，大家喜欢就可以了。摆金人也觉得黔东南银饰精美，但他们认为不适合摆金地区的服装款式。这里基本上节日都戴，节日有三月三、吹芦笙、四月八、六月六、九月重阳等节日，高寨原来只是富有人家才有银饰，现在每家每户都有一套，甚至有的家庭有几套，即有几个女孩就有几套。

从上文的田野调查中，我们看到，种类丰富的苗族银饰及其花样繁多的锻制技艺大多数是从这些生活在乡野民间的银匠艺人手中产生的，也正是这里生活的单纯、宁静与和谐，让银匠艺人能够静下心来潜心钻研，从而创作出精美奇异的银饰工艺制品，充分体现了苗族人民聪明能干、智慧机巧、善良友好的民族性格。正如苗族人民喜爱白银洁白纯净、坚硬无瑕的特征一样，苗族也体现出白银一样的精神品质，即勤劳坚韧、善良爱美。这些名目繁多的银饰造型不仅散发出浓郁的乡土气息，同时又表现出深厚的民俗文化内涵，更是折射出一个民族的辉煌气势，成为中华传统文化中的瑰宝。

第四节　关于湘西山江地区苗族银饰工艺的
生存现状及文化产业创新发展

一　调研目的

课题组通过了解湘西银饰生产、销售较为集中的山江、禾库、德榜、雅西等地苗族银饰的生产销售情况、银匠的收入情况和银饰图案造型的发展趋势，进行研究分析，提出促进苗族银饰市场的繁荣发展、维护民族文化主权、尊重文化发展规律的对策建议，同时为民族旅游资源的开发、文化产业的拓展、产品营销策划、旅游形象的塑造提出意见和建议。

二　调研内容与过程

调研小组由郑泓灏、田爱华组成，针对凤凰山江地区苗族银饰的供需情况及创新程度进行详细调查，具体内容如下。

（一）调研时间

2017 年 5 月 25 日至 6 月 3 日。

（二）调研方式

首先，进行田野考察。以民间采风等调查形式在该调研地区参观体验，分析比较从 20 世纪 80 年代以来苗族银饰造型的变化情况和银饰图案与各种文化内涵之间的联系。其次，采用问卷调查。被调研的人群包括银匠、消费顾客、苗族村民以及相关工作人员。在实地口头问卷中插入诸如赶集销售情况的询问、购买者的满意度测量、从业人员喜好度等相关问题的调查，同时对村镇苗民进行实地走访调查，从侧面了解该地域苗族银饰的供需情况、民众喜爱程度及苗族银饰发展存在的问题等。重点受访样本放在山江和德榜，以苗族银饰锻制技艺和销售为主要调研问题。调研对象分为三类群体，每类群体调查人数在 20 人以上，同时利用网络等通信设备对相关工作人员进行银饰文化产业发展情况的问卷调查。

（三）调研地点

调研地点在凤凰县山江镇黄茅坪村、雷打坡村，柳薄乡的德榜村上寨、下寨；花垣县雅酉镇的上五斗村、下五斗村和新村。网络及通信设备调研地点是凤凰县苗族银饰锻制技艺传习所。

（四）调研内容

一是银匠每年购买银料及锻制银饰的数量；二是每年的纯收入情况，销量最好的图案款式；三是银饰图案款式的更新情况；四是传统图案与创新图案为当地人接受情况；五是人们对银饰消费价格接受情况；六是对纯银饰品和替代品的需求情况；七是影响人们购买银饰的因素；八是禾库、山江、雅酉的银饰销售情况。

（五）调研过程

2017 年 5 月 26 日，由田爱华组织制定调研方案并根据拟解决的问题设定调查问卷；27 日课题组驱车前往山江镇，在此进行为期两天的田野调查；29 日前往柳薄乡德榜村，31 日前往雅酉镇，在这两地进行为期三天的调研；6 月 1 日赶往禾库镇，在此进行一天的群众走访调研、网络及通信设备咨询；6 月 2 日调研小组成员对原始资料进行汇总、整理、分析，撰写调研报告。

（六）调研情况

1. 山江镇苗族银饰生产销售情况

山江镇地处苗疆腹地，位于凤凰古城西北 20 公里处的一个峡谷之中，是凤凰县苗族人口最集中的镇，现有 420 户 1370 人。在山江镇，笔者访问了麻金企（见图 2 - 94）。他是个退伍军人，2015 年退伍后就在家随父亲学习制作银饰，所做银饰以手镯（见图 2 - 95）为主。在山江镇从事苗族银饰锻制加工的还有龙炳周、麻文芳、麻

图 2 - 94　麻金企制作银链　　田爱华摄

图 2 - 95　银手镯（麻金企制作）　　麻金企提供

思佩、麻忠其、麻茂庭、龙喜平、吴树喜、吴云表、吴召银、吴求表和龙召清等人。笔者就相关问题还与其他各位银匠进行了交流与探讨。山江属于老苗区，人们生活不很富裕，所以仍有相当部分银匠用铜铝合金替代白银，专做银饰的替代品，其价格仅为纯银的1/10，比较便宜，人们也能接受。银匠的白银一般从福建和湖南郴州等地进货，也有送货上门的，价格为5～6.5元一克不等，一般银匠一次性购买上百斤左右的白银；也有上门订货的顾客自己提供银料。大部分银匠兼做纯银饰品和铝铜替代品，有少部分银匠只做铝铜替代品而不做纯银饰品；只有麻茂庭和龙喜平两人专门做纯银饰品（见图2－96，图2－97），因而他们的银饰价格相对较高，为18～20元一克，即便如此，麻师傅的销售量仍是可观的，他在2009

图2－96 儿童银帽神仙造型（麻茂庭制作）　　　　田爱华摄

图2－97 儿童帽饰银花片（麻茂庭制作）　　　　田爱华摄

年获得苗族银饰锻制技艺传承人的称号。人们都肯定他的手艺，每次赶集麻茂庭平均都能纯赚 1500 元左右（见表 2 - 1）。

表 2 - 1　山江苗族银匠的银饰生产及收入情况

银匠姓名	每年购买白银量	银饰价格		一次赶集纯收入	善做哪些款式	是否做创新图案	年收入情况
龙炳周	13 斤左右	纯银 15 元一克		2000 元左右	全套都做	常做	7 万 ~ 8 万元
		替代品 2 元一克					
麻文芳	13 ~ 15 斤	纯银 12 元一克		1500 元左右	小件银饰，如指环、耳环等	做一些	4 万 ~ 5 万元
		替代品 2.5 元一克					
麻思佩	9 斤左右	纯银 12 ~ 14 元一克		1700 元左右	小件银饰，如耳环、指环、纽扣等	顾客需要就做	4 万 ~ 5.5 万元
		替代品 3 元一克					
麻忠其	14 斤左右	纯银 10 元一克		1650 元左右	银项圈、梅花链	顾客需要就做	5 万元左右
		替代品 5 元一克					
麻茂庭	30 斤左右	纯银 18 ~ 20 元一克		1500 元左右	全套都做	常做	7 万 ~ 8 万元
麻金企	8 ~ 9 斤	纯银 18 ~ 20 元一克		不赶集	手镯等小件银饰	都做	2 万 ~ 3 万元
龙喜平	25 斤左右	纯银 18 ~ 20 元一克		2500 元左右	全套都做	常做	6 万 ~ 7 万元
吴树喜	20 ~ 22 斤	纯银 13 元一克		1800 元左右	全套都做	做一些	6 万元左右
		替代品 3 元一克					
吴云表	18 斤左右	纯银 12.5 元一克		800 元左右	小孩银饰	常做	4 万 ~ 5 万元
		替代品 2 元一克					
吴召银	不购纯银	替代品 2 元一克		1000 元左右	发髻、小孩银饰	常做	4 万元左右
吴求表	不购纯银	替代品 2 元一克		1000 元左右	纽扣、发髻	常做	4.5 万元左右
龙召清	不购纯银	替代品 2 元一克		1200 元左右	银衣片、针筒链、腰带	常做	5 万元左右

注：此表为 2017 年的调查数据。

2. 德榜村苗族银饰生产销售情况

德榜村位于柳薄乡西南部，分上、下两个自然寨及新寨，共 202 户 952 人。德榜为拥有苗族银饰锻制技艺的历史文化名村，村里有 70 多户村民在锻制银饰，因而德榜的银饰加工几乎是以家庭为单位的银饰加工作坊。传承方式也是以家族内自然传承为主，在上寨的银匠有龙建阳、龙吉塘（见图2-98）、龙玉生、龙玉先、龙玉成、龙先虎、龙爱珍（见图2-99，图2-100）、龙文汉、龙绍兵等。下寨有隆自荣等。在德榜村虽然从事银饰加工的银匠很多，但主要以龙建阳和龙吉塘两家规模最大，从业时间最长，从业的家族人口最多。笔者在70多户银匠家庭的走访中发现，德榜村银匠的银饰加工

图2-98　龙吉塘打制板圈图案　　田爱华摄

图2-99　龙爱珍打制儿童手镯　　田爱华摄

图2-100　儿童围兜（龙爱珍制作）　　田爱华摄

作坊都建在自家的一个角落，比较简陋，只有龙玉生另建造了一间银饰加工作坊。德榜村的银匠都加工纯银饰品，不做铝铜替代品。而且银匠分工明确，有的银匠家族以流水线作业形式加工全套银饰，有的则专做某几样饰品。银饰市场竞争相对较大，即使是纯银饰品，价格也只有9~10元一克。此外，在德榜银匠群体中，除龙建阳、龙吉塘专门从事银饰加工外，其他银匠则是以农忙忙农、农闲加工、逢场出售的方式进行间歇式生产。德榜银饰销售渠道主要有两种，一种是客户上门订货，即其根据自己的喜好和银匠的手艺选择性的私人定制，订制银饰的客户可以自己提供银饰原材料给银匠，仅支付加工费用即可；另一种是银匠在集市摆摊销售，即银匠在赶集场上以一年300~500元不等的租金租下一个出售银饰的简易摊位。德榜村银匠主要从禾库集市上的银商贩处购买原材料，商贩有来自浙江、上海、贵州凯里及湖南郴州的银商。他们贩卖的原材料种类繁多，有粗加工过的银片、银丝、银条等半成品，其中银片宽25.5厘米，厚有1.25毫米、1毫米、0.8毫米和0.5毫米之分；银丝的直径则为0.4毫米、0.25毫米、0.2毫米、0.18毫米和0.15毫米不等。以下为笔者对龙吉塘家族银饰生产（图2-101）及销售的调研情况（见表2－2）。

图2－101 龙吉塘在家烧制板圈 田爱华摄

表2－2 德榜村龙吉塘家族银饰生产及收入情况

姓名	所做款式	制作时间	价格	是否做创新图案	年收入情况
龙吉塘（父亲）	银项圈	4天	1200元左右	顾客需要就做	
龙爱花（龙先轮妻）	银耳环	3小时	200元左右	顾客需要就做	
	银戒指	4小时	150元左右		
	银纽扣	1小时	75元左右		
龙先轮（大哥）	银花冠（五人分做不同部位）	5天	8000元左右	经常做	每年2～10月为旺季，主要赶禾库的集市。赶集一次可以卖两三百斤银饰，纯赚3000元左右。禾库镇需求量大，销量最好，一年内纯收入能达10万～15万元
	银插花	2天	800元左右		
龙先虎（二哥）	银腰链	4天	2500元左右	经常做，在传统的基础上有变化	
	大梅花链	3.5天	2000元左右		
	小梅花链	3天	1700元左右		
石球明（大姐夫）	银牙签链	4天	1500元左右	做得多	
	银披肩银片	4天	2200元左右		
吴珍爱（龙先虎妻）	儿童帽饰	3天	600元左右一对	小孩银饰变化快，图案创新多	
	儿童手镯	2天	150元左右		
	儿童项圈	2天	220元左右		

续表

姓名	所做款式	制作时间	价格	是否做创新图案	年收入情况
龙家贵 （三姐夫）	银手镯	1 天	750 元左右一对	做得少一点	每年 2～10 月为旺季，主要赶禾库的集市。赶集一次可以卖两三百斤银饰，纯赚 3000 元左右。禾库镇需求量大，销量最好，一年内纯收入能达 10万～15 万元
	银衣片	1 天	30 元左右		
龙大姐 （未取汉名）	银挂扣	1 天	120 元左右	有细节变化，总体形式不变	
	银簪	1 天	150 元左右		
龙三姐 （未取汉名）	银花、银蝶、各种银饰散件	3 天	700 元左右	会变，每次都不一样	

注：本表为 2017 年的调查数据。

3. 雅酉镇苗族银饰生产销售情况

雅酉镇位于花垣县南端，距县城 57 公里。东部和南部分别与凤凰县柳薄乡、两林乡交界，西部与贵州省松桃县盘石镇接壤，系苗族聚集区。有名的银匠村则是位于雅酉镇东南部的五斗村，五斗村距离雅酉镇 4 公里，分为上五斗村、下五斗村和新村三个自然村寨，共 130 户 724 人，银匠则主要集中在上五斗村和下五斗村。上五斗村银匠有吴奴军、吴卫军、吴术军、吴显军、吴陆英五姐弟，吴碧归、石吉妹两夫妇和他们的母亲龙青花等。下五斗村银匠主要是石少中和石张飞两家。五斗村的银饰生产和毗邻的德榜村有很多相似的地方，如银饰加工都是以家族的形式展开，加工作坊一般设置在家里，生产的模式也是农忙忙农、农闲加工、逢场出售。另外就是销售渠道也一样，主要做来料加工和赶集出售。所不同的是五斗村银匠不仅赶雅酉的集市，也赶禾库和腊尔山的集市。禾库每月逢初一、六赶集，雅酉每月逢三、八赶集，腊尔山每月逢四、七赶集。每个地方一个月可以赶 4 次集。集市摊位租金为一年 300 元一个，五斗村银匠都是做纯银饰品，铝铜替代品在 2000 年以后就没有市场了。目前五斗村银匠都是从贵州凯里进货，表 2－3 是笔者对五斗村的银饰生产及收入情况统计。

表 2 - 3　五斗村苗族银匠的银饰生产及收入情况

	银匠	每年购买白银量	负责哪些款式	银饰单价	是否创新	年收入情况
上五斗村	吴奴军	一般一次购买 40 斤左右，一年购买 3～4 次共 120 斤左右	银花冠、银插花	6.5 元一克	银花冠图案变化较快，银插花近些年才做，其他变化不大，小孩的银饰会变一些	月收入平均为 1000 多元左右，除去 3 个月淡季，年收入在 1.5 万～1.8 万元
	吴卫军		梅花链、腰链			
	吴术军		板圈、手镯、项圈			
	吴显军		小孩全套银饰			
	吴陆英		耳环、指环、银扣等小件			
	吴碧归	100 斤左右	全套都做	12 元一克	会做一些创新，以顾客喜好为主	3 万元左右
	石吉妹		板圈、项圈			
	龙吉花		小件银饰			
下五斗村	石少中	30 斤左右	全套都做	7 元一克	不做创新	1 万元左右
	石张飞	30 斤左右	小孩全套银饰	9.5 元一克	做得较少、偶尔创新一下	1 万元左右

4. 禾库镇群众对银饰的需求情况

根据雅西银匠和德榜银匠的销售情况可知，苗族银饰在该地的销售量是最大的。每逢禾库赶集时，银饰销售的摊位是最热闹而且也是人员集聚最多的，其中五斗村银匠拥有 8 个摊位；德榜银匠更多，有 20 个摊位。禾库镇是典型的苗族集聚乡镇，历史曾被认为是化外生苗区，因而汉化的程度低，直至今天，这里依旧民风淳朴，民族习性浓厚。在走访镇上村民时笔者了解到禾库人对银饰的喜爱程度非同一般，很多看上去并不富裕的人们在购买银饰时非常舍得，很多人的购买量均在 2000 元以上。其中，梅花链、手镯、项圈销量都不错，小件银饰如耳环、戒指、银扣销量最多，而且禾库集市上都是出售纯银饰品，替代品已彻底淘汰，这也说明苗族人最终还是青睐纯银饰品，用他们的话说就是"少买一餐肉，银饰不能丢"。消费群众告诉笔者，苗族的节日很多，而且节日的时候都要佩戴银饰，四月八跳花节，三月三边边场，是青年人的节日，戴得要多一些。再就是结婚佩戴，结婚男方必须送女方一套银饰，数量为6件套，即凤冠、项圈（花项圈、一般项圈）两个、针筒（只戴一个）、胸链、棋盘花束（长及腹部）和梅花大链；富者有10件套的，在6件套上加上大银盘花、后腰链（配两个银扣）、侧腰链和大披肩（很盛大的活动穿）或小披肩；更讲究的人家也有配银冠（见图2-102）等12件套的，在10件套上再加上手镯和银扣。现在是女方准备6件套，男方必须送12件套。比如，男女双方在今天结婚，男方头一天就要送一套银饰到妨家作为彩礼，重量在11~12斤，16斤的是做得比较扎实的。上60岁的人一般只佩戴两件套，即项圈、胸链。

图2-102　银荷包链与银冠（龙先虎家制作）　　龙先虎供图

（七）总结与分析

1. 消费原因

笔者对几个地区的苗族银饰生产状况、市场销售、图案形式等方面分别做了详细的调查，也对目前仍然从事该行业银匠师傅的访谈内容进行了梳理，从而认识到苗族银饰发展的脉络，以及苗族群体对银饰的需要是其艺术创作的准则和动力，群体的认可是苗族银饰发生发展的基础。在调研中不难看出群众消费的心理有以下几点。一是湘西苗族银饰有上百年的发展历史，它是整个中华民族喜爱银饰的缩影，有这样的心理基础，苗族银饰得到民众的普遍接受。二是苗族银饰承载着苗族人民的生活习惯、人生礼仪、审美心理、风俗文化等深层含义，而且具有强烈而直观的视觉效果。三是苗族银饰从外观上满足了消费者爱美、赏美的心理，再加上湘西苗族银饰与当地的民生民情、文化生活结合紧密，与受众的交流互动更为直接，所以其文化地域生态性更强。以上是苗族群众乐于接受并购买银饰的直接原因。

在走访中，笔者也观察到禾库镇集市中出现了不少外地人，他们有来自广东、上海和杭州的游客，这些游客多数不是跟团旅游，而是结伴坐班车下乡进行"深度文化旅游"，即很多游客都把"与当地人交往，了解当地文化和生活方式"作为了旅游的主要目的。从与他们的交谈中，笔者发现他们更愿意与当地民族文化进行零距离接触。这些状况的出现无疑给苗族银饰文化产业和民族文化旅游产业的融合发展提出了新的要求，也带来了新的机会。毋庸置疑，苗族银饰在苗族文化旅游中不仅可以大放异彩，充分体现出湘西苗族银饰文化产业发展的价值，而且可以更好地挖掘和拓宽民族文化产业的发展途径，所以发展与苗族银饰文化相关的生态旅游的意义重大。

2. 银匠传承情况分析

在笔者走访的这些乡镇中，有一半以上的银匠师傅传承技艺都在四五代。他们大部分在本家族和本村中传授技艺，山江黄茅坪村、花垣雅西德榜村都是这种传承模式，只有山江的麻茂庭收了一个叫杨培生的外姓徒弟，其他银匠都表示只是传本族或本村人。

银匠们纷纷认为，不引进外人传承一是为了保证自己家族的手艺不失传，二是如果学徒学不好会影响师傅的声誉，三是老一辈传下来的规矩不能随便传出去。相对来说，凤凰的银饰锻制技艺传习所要开放得多，笔者通过网络等通信设备了解到，目前传习所制定了专项人才培养计划，开展锻制技艺课程教学，制定阶段考核模式，培养由政府认定并颁发证书的接班人，使很多对民族文化感兴趣的有志青年开始学习银饰锻制技艺。现在已有 20 多名大专院校学生前来学习，并且对银饰创作有了强烈的自觉意识。目前，传习所生产销售量每年用银突破了 1.5 吨，而传习所的银匠艺人也脱离了工匠的狭隘范畴而成为工艺美术制造师。如果银饰发展处于一种封闭的状态，它的真正价值就不会被世人所认识，也就会被遗忘甚至会消失在历史长河之中。因而，银匠传承观念的转变、传承范围的扩大都是非常有必要的，这不仅能增加自己的经济收入，也能走出去，扩大视野，促使银饰文化发扬光大，不断推动银饰艺术向前发展。

3. 银饰销售情况分析

从总体发展情况来看，苗族银饰存在发展不平衡的问题。笔者了解到湘西的中部、北部及东北部的银饰加工工艺正处于退化阶段，银饰锻制技艺持有者已经消失，当地人银饰的使用全靠到别处购买。而以凤凰为中心的湘西南部、中西部地区银饰行业发展势头相对较好，其产品甚至覆盖到了周边省市。从开发的深度来看，凤凰苗族银饰锻制技艺传习所正在积极研发新产品，突破传统方法，在锻制上引进了机械化新技术，并且与其他民族和地区的装饰纹样进行了整合，饰物造型也更趋向丰富多样。以禾库、雅西为中心的苗族银饰生产集聚乡镇的银饰图案也在传统图案的基础上做了很大改变，但都是供应本地苗族群众消费，因而现代创新图案较少。

目前，湘西苗族银饰的产业化程度还处在价值链的低端层次，除少量的银饰生产企业外，从事苗族银饰生产的主要是由家庭或家族组成的散落在乡村的简易作坊。这也是一种历史的承袭，由于散户经营的局限性，特别是资本的分散性，使苗族银饰难以形成规模经济，与国内同行业相比缺少竞争优势，特别是在品牌竞争上的优势缺乏。贵州雷山的银饰销售就具有相当的规模，截至 2012 年末，从事苗族银饰加工的人员已达到 1800 余人，年产量达 50 万件，年产值 8000 万元，年销售额 6000 多万元。而在山江、雅酉这样的银饰生产集中地，银饰的从业队伍不容乐观，在现代市场经济的大潮中，很多昔日的银匠由于手工技艺欠缺而放弃了银饰锻制，目前这种情形仍在延续。正在从事制作银饰行业的银匠没有专门出售银饰成品的商店，长期以来银匠都习惯于这种风险小、收益低、发展慢的生产模式，他们注重的是质量、成本观念，缺乏的是银饰的品牌意识。这种生产模式与银饰美轮美奂的图案、千姿百态的造型是不相符合的，从而也就难以在管理上、品牌上见到产业成效。

（八）调查存在的局限性

一是受访银匠，普遍反映政府对传承人资金下拨、比赛申报、优惠政策落实等方面存在问题，很多银匠有负面情绪。二是少部分银匠对自己非常自信，以致在受访过程中有夸张的成分，课题组对此要进行集中分析与判断，做到去伪存真。三是网络及通信调研由于远离实地，导致信息略有误差。

三 调研结果

苗族银饰在湘西的古丈、花垣、吉首、泸溪、凤凰、保靖等地是苗族人文、地理、习俗、思想、审美甚至是经济的重要承载，也是苗族最为典型的文化资源，它从不同侧面展示了民众的社会生活和民俗文化。在苗族人口相对集中的凤凰地区，银饰的需求量是比较大的，据笔者调查，凤凰山江及周边地区的银饰从业人员已达120余人，人均年收入达四五万元不等。

苗族银饰的消费人群越来越多样化，苗族青年在结婚时必须配齐6件套，重量可达十一二斤；富裕人家也有配齐12件套的。另外，随着人们对区域文化体验和民族审美文化要求的提高，很多游客都愿意感受并接触当地文化和生活方式。据统计，全世界有65%的人更愿意进行文化旅游，这无形中增加了苗族银饰的销售额。目前，在凤凰各类民族文化艺术中，苗族银饰是发展最为成熟的，并且已经成为湘西各类旅游商品中销售最好的商品。

从总体上看，湘西苗族银饰行业发展处于上升阶段，但仍存在很多问题，例如供求关系不平衡，产业化程度还不高，锻制技艺传承后继乏人等问题依旧存在。如何提升银匠艺人的生存现状，激励他们进行有效的银饰新产品开发；如何利用有效途径进行创新性保护与合理利用，凸显湘西苗族银饰的特点和优势，将关系湘西本土民族文化的进一步更新和发展。综上所述，对苗族银饰生存现状及文化产业创新发展进行深入的调研是很有必要的。这可以为促进湘西苗族银饰的发展提供参考，相关部门也可有意识、有目的地指导生产，避免银匠艺人单打独斗式的盲目行动，引导其选择适合的营销策略。

四　调研建议

笔者通过调研了解到乡镇银匠活动地点非常有限，大部分银匠只是在附近集市出售银饰，很少走出他们所生活的地区。这群人是苗族银饰传承与创新的中坚力量，他们之间的收入差距较大，如何帮扶、如何鼓励，从而缩小其收入差距，是保证银饰从业人员稳定发展的重要因素。

影响人们选购银饰的因素是多样而复杂的，有婚姻必备之选、日常生活所需、旅游消费纪念、审美心理使然以及崇尚民族文化等等，不管针对哪种消费需求进行银饰产品开发，品牌的渗透与图案元素创新乃是重中之重，相关部门可以通过网络、电视、新闻广告等媒体宣传银饰产品及银匠，提高其知名度，同时设置奖励机制，鼓励银匠家族勇于接纳新事物，扩大销售圈，研发符合各种人群喜好的银饰新品。

湘西苗族银饰的生产地在分散中又有相对的集中，这种集中容易形成一种银饰锻制的竞争机制，不断推动银饰艺术的发展；同时，相对集中的银饰生产便于人们更为方便地挑选和购买。为此，打造乡村特色旅游文化、开发民宿旅游服务、改善乡镇基础设施，吸引更多的外来人士了解苗乡的生产和生活习俗，有助于开发乡村文化旅游和完善银饰锻制技艺文化村的建设，从而提高其产业化的程度和质量。

第三章　苗族银饰文化产业研究方法

第一节　工作人员访谈

在苗族银饰的收集整理、节会展演、图片采集方面，笔者还对各个地方非物质文化遗产保护单位的部分相关工作人员进行了解与访问，询问的问题涉及银饰的地域分布、银饰的种类变化、银饰的造型形式及传承保护、产业状况等方面。在凤凰县非物质文化遗产保护中心笔者向侯涛主任了解了凤凰县苗族银饰的传承与保护情况，摸清了苗族银饰的锻制区域及其对银饰的非遗申报情况。侯主任表示，目前凤凰的民族民间艺术品类中，银饰保护做得还比较到位，自治州对于州级苗族银饰锻制技艺的传承人每人每年补助 1000 元，省级苗族银饰锻制技艺的传承人每人每年补助 3000 元，县级则根据当地财政状况分批次每人每年补助 600 元，并在每年的银饰节上设置摊位进行实物销售，在这种激励机制下，凤凰的银饰产业在稳步发展。笔者还向凤凰苗族银饰锻制技艺传习所的左宇帆经理了解了凤凰苗族银饰的传承及研发情况，同时还就当地旅游市场的发展情况了解了银饰在当地的销售、流通等现状。左经理认为，苗族银饰的锻制技艺是银饰能够传承下去的根基，只有锻制技艺很好地保存下来，苗族银饰的创新和发展才成为可能。为此，左经理带着课题组成员参观了传习所里陈列展示的不同时期苗族银饰造型形式。传习所还聘请文德中、杨洪江、刘末林等湖南本地和贵州的银匠师傅进行手艺展示和教学。在凤凰县，传习所是唯一挂非遗牌子的传承民族工艺的股份有限公司，传习所自开办以来，银饰设计师纷纷进入贵州、广西、云南进行银饰调查，将每个地域的银饰精品、孤品进行抢救性收集整理，在传习所内进行定期展示，严格以传习所为平台，将传承人的精湛技法穿于教学中，并在传习所将银饰的图案精华进行浓缩。银匠们在银饰审美的创新中捕捉民族元素，结合凤凰本地文化因子，开发新产品，实行自己设计、自主研发，以体现银饰文化内涵、苗族文化为主，同时符合传承人的价值取向，与市场相接轨。

笔者采访了苗族银饰节节庆办的张顺心处长，了解历年凤凰银饰节的举办规模以及商家投资情况，银饰节每年都邀请来自湖南、贵州、云南、广西等地的 10～14 支代表队进行银饰审美展示，其中不乏改良研发的新式样品，让银饰审美成为人们认识民族习俗和了解民族文化的窗口，推动苗族银饰超越现实走出国门。与此同时，课题组还分别来到贵州西江千户苗寨、台江姊妹街、雷山民族文化街、凯里金泉福民族工艺品一条街、松桃民族文化园和民族服饰大十字街、铜仁南门古城街、都匀石板街、花溪青岩古镇、凤凰古镇等最具民风民俗代表性的地区和苗族银饰集聚地，就银饰的种类和造型等分布、审美情况进行实地观摩和考察，将苗族银饰与当地的文化背景相结合进行综合分析，从而发现苗族银饰不仅反映苗族人们的审美观、价值观和民族智慧，而且积淀着各地区苗族最优秀的文化传统，表现出其冶炼、锻造等科学技术的发展进程，承载着民族特色的构成要素和标志。在苗族审美的精神世界里，银饰始终呈现出物质活动和精神生活相交融的特征。它始终洋溢着一股强烈的集团意识和原始巫术般的神秘魅力，在苗族世代相传的社会里，装饰着人们的生活，拨动着人们的心弦，使不同时代、不同地域、不同文化传统的人们精神相交，心灵相撞。

在贵州，笔者向贵州省博物馆的工作人员了解了贵州苗族银饰的分布及发展情况。其中，办公室的刘秀丹主任向笔者介绍了雷山地区的苗族银饰及银匠分布情况，并且介绍了剑河、榕江、丹寨、凯里等地的银饰类型。笔者从博物馆的馆藏实物中了解到不同地域银饰的不同风格，并根据刘秀丹的介绍，从最现实、最直观的问题入手做了相关文化形态的寻访和调查。在与贵州省博物馆摄影师吴仕忠老师的聊天中，笔者得知吴老师从 20 世纪 70 年代就开始对贵州苗族银饰及服饰进行搜集整理。笔者通过和吴老师的聊天，也了解了从 20 世纪 70 年代到现在银饰发展状况，吴老师给我们介绍了银匠的分布及各地银饰的图案造型。他告诉我们，黄平银匠都在凯里湾水，湾水镇有 5580 户 24991 人，其中苗族占 98.7% 以上，是苗族聚居的乡镇之一，而且贵州全省各地都有控拜银匠，九摆、百高、乌高的银匠也是本自控拜的。黔东的很多银匠，如龙根主、黄东升，他们的银饰模子不错，而且有很多。黔南银匠加工三叉银角造型的很多，也很在行；三都当地银匠很多是水族人，他们加工水族银饰，加工苗族银饰的比较少；黔南的侗族、水族学做黔东南苗族银饰的多一些，他们改进了银饰加工程序，进行专业加工，但图案还是传统的，像贵州黎平平塞乡，这里主要是侗族，但他们戴的银饰都是苗族黔东南的银饰造型，口音近似湘西。说到湘西，吴仕忠老师认为凤凰的龙米谷、麻茂庭银饰做得最好，特别是麻茂庭的银饰，其造型独特，是另外一种风格。但是湘西银饰与松桃银饰还是有区别的，松桃的银饰不能拆装，但凤凰的可以拆，且黔东男子都已经简化成戴项圈了，项圈上的图案只要是美观的就打上，图案源于自然。过去银饰是女子嫁妆，没有银子就上不了台面，所以银饰的发展历史自然就悠久了。

据记载，银饰在我国的发展有五百多年历史，从明代开始银饰逐渐增多，清代有了很大的发展，特别是头饰，如银花冠，由于装饰在头上，都打得很细，现在的银饰已经走向了市场。从贵阳往西，毕节一带的少数民族就没戴什么银饰，广西隆林等地及四川秀山一带穿戴银饰的都不多；云南银饰最多的是项圈，他们没有黔东南富有，所以银饰也就不多。目前，银饰的种类和名称很多，但最好按照苗族人的叫法去确认，他们本身怎么叫就怎么叫，各地叫法不一样，如泡项圈，施洞叫龙项圈，黄平则称为小领项圈；施洞的银头饰，苗族人认为前面为小牛角，后面为钉耙；而银花非常漂亮，在原来都是要插在脑袋前、后的，现在都戴银帽，没插银花，这是因为人们的审美习惯变了。再有就是银冠做得精细复杂了，而银花插得没有原来多了。还有银压领，吴仕忠教师说他没听说过其有辟邪的寓意，但银项圈是有的，有锁住命脉之说，压领还有种说法则是过去苗族受压迫，戴木枷，为了不忘当年历史，所以戴上压领。吴仕忠老师虽然年过七旬，但还是坚持扛着相机在苗疆腹地奔走，他在 20 世纪 70～80 年代跑到云南，一去就是 3 年，分别去了红河、云山和楚雄，发现云南银饰很少，同时广西也跑了 2 年，湘西跑了 2 年，对苗族的服饰和银饰进行普遍调查并拍照。他说原来装饰物品没现在这么多，而且不走市场，那时候各个民族都戴银帽，手艺高超，没银就用铜来打，但没有现在的大，吴老师认为现在很多银冠做得很大，但那是做样子的。

课题组在都匀市受到民宗局办公室主任李启林的接待，李启林是坝固甲登寨（又称"嘎登"）苗族人，母亲专门加工苗族服装，对银饰的佩戴非常清楚。李主任对我们说：

在黔南，苗族很多已经汉化，结婚时男方给女方两套服装，以前是36套或28套，必须给女方准备，包括平时居家时穿的，还有干农活、怀孕、做客等这些时候穿的服装，没有彩礼也可，但衣服必须要有，届时请附近所有裁缝过来要两个月才能做完，条件好的必须配备银饰，条件差的银饰可不给，所以都匀对银饰没有服装那么看重，现在条件好了还是必须要的。都匀的银饰有"山字形"头饰，还有一种"圆形"的戴在头上，在剑河、丹寨，三都普安、从江、榕江，广西融水都有类似的头饰，银饰图案主要围绕树叶、鸟和牛角三种元素进行造型变化，缺一不可。项圈上面打花边，都匀苗族戴的银饰价值也是上万元，上舞台一般戴假的，家里则都保留真的。在黔南，现在银饰的需求量还是很大的，但黔南银匠祖传的不多，这里多数是雷山过来的银匠。银匠以前像货郎，谁家要就在谁家做，而且一做就是一两个月，银匠都在主人家吃住。现在租了门面专门做，需要者上门订货或购买现货。这边银饰中项圈很重要，而且不同的项圈要戴好几个，有戒指项圈，流行在坝固地区，这是戴在最上面一层的；戴在第二层的项圈是方形缠绕的；最下面一层是方柱扭形项圈，这是黑苗的穿戴标志，后来加的各种造型银饰都不是原生态的。

李主任还给课题组提供了黔南各苗族支系的穿戴模式及银饰的佩戴、图案、款式等图片，课题组看到了自 20 世纪 80 年代以来苗族银饰的变化，这些具有原真性的图片让课题组不仅知晓了黔南众多苗族支系的服饰情况，还为课题组提供了非常宝贵的原始资料。

另外，黔南州民宗局的樊敏主任给我们介绍了一些黔南州的少数民族情况，樊敏主任是布依族，她说布依族与苗族在黔南是属于人口最多的两个民族，而且世代杂居在一起，居住特点是苗族住山上，布依族住平原。在黔南，苗族大约有40万人，苗族银饰集中在三都、都江、龙里、福泉等地。丹寨（原来属于黔南地区，现归黔东南管辖）的银饰种类也很多，和黔东南有很多相似之处，该支系是属于短裙苗，占丹寨总人口的85.57%，是丹寨18个少数民族中人数最多的。都匀的基场、桃花、羊列、坝固等乡（镇）的部分村寨是丹寨支系的苗族。在黔南惠水摆金是苗族人口最多的一个镇，而且都讲苗语，银饰种类也很丰富；贵定、龙里、福泉属于苗族中排支系，虽然银饰没有摆金的多，但盛装时头上罩着一个大的像帽檐一样的头饰，与摆金的头饰有些相似。这里的苗族支系银饰穿戴风格及味道和其他地方区别很大，主要集中在胸前和背后。在黔南，没有多少出名的银匠，很多银匠都是黔东南过来的。黔南最大的银饰要算"山字形"的银头饰，这种头饰在三都县都江的控抗乡和打渔乡都有。还有就是盖赖村苗族支系很多，银饰种类也繁多，现在村里每年都举行一次"文化艺术节"，届时，各个支系的苗族银饰都会得到集中展示，很是壮观。盖赖村地处雷公山腹地，是三都县最为边远的贫困苗族村寨之一，由于这里交通不便，远离闹市，苗族村寨又居于深山老林、崇山峻岭之中，因而苗族文化底蕴十分深厚。这个村寨过去也开展13年一次的牯藏节，随着时代进步，苗民逐步认识到举办牯藏节非常浪费而且时间跨度太大，因此从2013年就改为每年集中举办"文化艺术节"。黔南坝固的怎雷村，是黔南的重点保护村寨，这里的男人也戴头饰，头饰被称为"银额冠"，围在头帕上面，具有传统与现代相结合的狰狞美感。贵定的银饰主要在胸前戴 7～8 根银项圈和一个银压领，腰系银腰带，头上有少量银铃。还有云雾山支系的苗族甚至在背牌上镶上贝壳，很特别，男子也佩戴银项圈，穿裙子，而且也有背牌，女的则戴有银铃。罗甸的苗族属于白苗，因为身穿白衣服而得名，银饰主要集中于头部所戴的 8 个银圆牌装饰上。惠水长顺苗族的项圈一圈分成 9 条，最上面戴上银锁，银饰主要集中在胸前，而且男子也戴这种银项圈。

第二节　苗学专家访谈

带着课题研究中出现的主要问题，笔者一方面将理论与实际行动紧密结合，始终做到研究的开始、过程、结束都有理论指引，都有行动跟上，将学、研、做三者结合；另一方面阅读有关专业书籍、汲取名家思想精髓作为理论支撑，且注意用专家的权威，去规范，去约束，去导航。在研究过程中针对银饰发展的现状课题组召开专家讨论会和课题组成员研讨会。笔者与课题组成员于 2013 年 6 月在湘西土家族苗族自治州，向申请非物质文化遗产办公室了解有关非遗保护的文件精神和苗族银饰传承人的近况，以及凤凰县苗族银饰民营企业的制作、销售情况。目前，湘西在非物质文化遗产保护工作中，银饰已经走出调查阶段，正面临如何保护的问题。凤凰县自2011 年开始部署银饰传习所后，银饰生产销售逐渐形成规模，而且以传习所为依托每年都做传承人的申报工作。目前，县民委以传习所为银饰传承和发展平台，与地方企业合作挂钩，实行技术养遗，将银饰精华进行浓缩，捕捉民族元素，结合凤凰本地文化元素，自己设计，自己研发。除此之外，凤凰县的柳薄乡德榜村还被认定为国家级苗族银饰锻制之乡，全村 60 多户中有 17 ~ 18 户是银饰锻制专业户。非遗申报部门对传承人的审批提出了要求，即家族谱系的连续性、对银饰锻制技艺的热爱度、制作银饰所具有的特点等都是非遗申报的考察范围。

课题组在凤凰山江少数民族民间艺术博物馆访问龙文玉馆长（见图 3 -1），由此了解了湘西苗族银饰的审美特色。龙馆长认为湘西的银饰精巧秀丽，银饰配件插接灵活，植物纹样多，色彩丰富，图案具象而写实，宫廷文化浓厚一些。贵州的银饰则是形态硕大、夸张，银饰配件多以焊接固定和制模为主，动物纹样居多，图案抽象而虚构，原生态的稚拙多一些。他将不同地域的苗族做了一个大体比较，分析了不同地域苗族对外来文化接受程度和融合程度。在清朝"改土归流"以后，湘西苗族大部分接受清朝统治，那些被登记造册的称为"熟苗"，这一地区的苗族与汉族等其他民族文化交流

图 3 -1 专家龙文玉（右）与采访人田爱华（左）合影   郑泓灏摄

频繁，文化的融合程度高，银饰也或多或少地融入了其他民族的审美趣味和审美取向，这些银饰图案带有一种民众普遍喜爱的审美元素。而贵州苗族在历史上曾被认为是"化外蛮族"，与外界的交流联系自然甚少，银饰图案也就更加具有某些原始古拙的审美意味。通过对两者的比较，笔者在查阅相关资料之后分析出，文化习俗不同所产生的文化承载形式就会有差别，湘西跟楚文化联系紧密一些，"芈"（miē）姓居多，包括屈原也姓"芈"。龙、熊、唐姓楚人从楚国王室逃亡出来，到达湘西，于是楚国宫廷文化开始在民间流行，银饰的审美形态也就带有了楚国宫廷贵族的审美遗风。而不同历史时期的苗族，银饰图案造型也有区别，在楚国强大的和平时期，银饰图案造型多反映的是花鸟文化、农耕文化等；在迁徙战争期间，图案又体现出兵战文化主题。贵州的苗族银饰则与湘西有所不同，贵州苗族支系众多，在民族迁徙的过程中黔西支系是走得最远且最为艰辛的一支，他们在颠沛流离中艰苦生活，相对来说，银饰种类偏少。黔东南要比黔西富足，其生活之地飞禽走兽众多，因而银饰有许多动物的图案，甚至在一定程度上还对湘西苗族银饰的图案构成产生了影响。云南苗族的银饰更为简单，在楚国灭亡之时，很多苗人在战争中逐渐往西南远逃，远涉云南的苗族是非宫廷的一小支，因而云南文山的苗族银饰无法与贵州苗族银饰相媲美，从云南、黔东南和湘西三地来看，贵州苗族银饰的原生态文化保护得要好一些。

　　吉首大学历史文化学院的杨庭硕老师（见图3-2）用他独特的研究视角为笔者的研究思路指引了方向，提出很多建设性的意见。他认为研究苗族银饰的美学价值，首先要搞清楚苗族银饰的发端，即弄清银饰产生的必要条件。同时，要弄清楚什么文化是苗族的？什么是美？苗族银饰一般在设计中有意识或无意识地改动，都是万变不离苗族文化的，银匠们边做边探寻把握群众的审美趣味变化，迎合苗族群众心理，能卖出去有市场就是美，所以银饰美学也是市场培育的。要明白苗族看重的是什么？这个需要调查，往往老百姓说的才是大实话。

图 3－2　田爱华（左）采访专家杨庭硕（右）　　　郑泓灏摄

在贵州，笔者就苗族文化的人类学问题专访了贵州大学人文学院民族学、人类学研究中心刘锋教授，刘教授对苗族银饰的现实价值提出了他的一些思考。

苗族银饰研究是与民族学、艺术学、民俗学、旅游学等研究息息相关的一大文化现象，我曾经走过贵州、湘西等苗族村寨，在考察苗族语言的同时感受过它的文化习俗和各种苗族服饰图案。苗族银饰是伴随女性而流动的，是通过婚姻圈起作用的，说得直白一些，就是男人用来交换女人的，银饰的流动与国家货币有关，既能使用，又是财富的象征。黔东南苗族银饰的特征为多、重，是社会身份、声誉的象征，并起到“展示”作用，如在艺术表演节目上。从银饰看到国家与地方的互动关系，如塘龙村解放后（打制银饰）所用的（原料）是贡银，多为手工及小机器制作；从经济学的观点看，劣币驱逐良币，劣币在流通，良币被收藏。苗族银饰也面临良币被收藏。因为苗族社会认为，纸币是靠不住的，所以往往也把纸币换成银圆，再做成银饰，以便永久收藏。由于每个民族的历史处境不一样，记忆与行为也不相同。这是苗族生存文化的一种表现。其实银圆也靠不住，都会随着社会、市场的变化而出现不同的作用等等，这些都需要通过调查佐证。苗族是一个善于用银饰装饰自己并将其进行商品流通的民族。就苗族银饰文化而言，其形态特征、产业发展等方面，我认为是一个非常值得挖掘和研究的课题。

中国民族学学会理事、国家社科基金重大项目"世界苗学通史"首席专家、华南师范大学历史文化学院博士后合作导师张晓教授也和课题组进行了交流，在交谈中，张晓教授给课题组梳理了西部方言区及国外苗族的发展脉络，弥补了课题组对这方面调研的不足。

苗族银饰种类繁多，而且用途各不相同，如何找到其中共同的、统一的审美规律难度是很大的。对此，笔者访问了贵州民族大学中国少数民族文化研究中心主任杨昌国教授，杨教授看问题的角度常常新颖而独到，他给笔者建议并提出：

（从）苗族银饰的制作工艺就可以提炼出审美产生的根源，而个案调查可以以控拜村为例从文化部门进行面上调查，重点调查则要看统计数据、工艺流程图，认真观察流程细节。研究角度可以将人类学、美学结合起来，按照银饰的实用（不是纯美）→假想实用性与一般实用性区别（带有某种目的，如巫术）的线索，从工艺学方面研究就可以将个案与整体穿插展开。例如，在制作工艺与风格方面，西部方言区银饰制造工艺粗糙，如贵阳、安顺（蜡染、私人作坊）、毕节；中部方言区黔东南的原始性；东部方言区湘西的写实化等。从美学角度应界定为实用美学，当研究进去后再找出差异，可以以四五个个案支撑论题，否则理论铺不开。只有这样，研究成果才扎实有深度。要把握好研究中的专业术语，对当下性、本身观照、预测性、保护机制、针对性（根据文化产业）要有一定的把握。

凯里学院教授、中国少数民族服饰研究会理事杨文斌教授（见图3-3）因为多年从事少数民族服饰的审美研究，对笔者的课题研究不仅从苗族的迁徙历史谈到白银到银饰制作的演变史，同时又将苗族三大方言区的银饰特点、文化内涵、审美等做了区分和比较。一是造型特点。在湘西，苗族包头、前围银花、身上有银披肩，以前图案凸起，明清时期受汉文化和佛教影响其造型趋于写实；在黔东南当地苗族受道家和巫术观念影响，同时继承了中原文化，尤其受楚国文化影响较大，因此其银饰带有相应的烙印。苗族用银的历史很早，普遍认为起于明代中期，但杨老师认为宋代以前就有苗族用银（正在查文献），最早应在湖南，如神庆、麻阳等银生产地生产。杨老师认为苗族冶炼银的历史与农耕文化分不开，最初银用于战争兵器，而后才演变为服装装饰。清代以后慢慢地有了整套的银饰，其兴起于民间风俗，即苗族姑娘参加芦笙场要配齐一套银饰才被允许进入踩鼓场。对于白银的需求增大以后，银饰市场曾出现过很多纯银首饰的代用品，与目前的苗银（俗称锌白铜）相似，在20世纪70~80年代从云南运过来，其含量为15%锌、20%镍、65%红铜，外镀上一层银制作而成。凯里金泉福银饰街就有很多这样的装饰品。在此之前有些俗称"毫子"的代用品也不是纯银，含银60%~90%不等，是化学浸泡加上氰化钾做成。由于缺乏政府规范，银饰的以假乱真，曾在福建、江西等地用机压批量制作，饰品假中接真，让人难辨。其实，无论用锌白铜镀银也好或以其他材料代替也罢，都不代表苗族银饰。"藏银"不是银，北京叫"德银"，其实是锌白铜，上海叫"锌白铜"，含银 15% ~ 20%，在云南叫"华银"。目前，锌白铜装饰品的需求已达到饱和，人们的审美观念又开始转向了纯银饰品。

图 3 - 3　专家杨文斌（中）　　采访人：田爱华（左）　　郑泓灏（右）
梁定芳摄

在银饰图案历史承袭分析上，杨老师认为施洞是习惯用纯银的，以前银匠少，传内不传外，传儿传媳妇不传女儿。而雷山则是真假都打，其中，控拜村的银饰生产非常活跃，有流动银匠，大多数银匠跑出去，在新中国成立前跑到湘西、广西北部等地。雷山银饰在清末发展起来，有不少的图案受汉文化的影响，如双龙戏珠、二龙抢宝、狮子滚绣球等，有些见识过汉族文化的银匠感觉自己文化落后就学汉族银饰图案；有些不喜欢汉文化的，就通过苗绣蜡染图案打银饰图案；另外，也从苗族古歌汲取题材。所以黔东南的苗族银饰图案的混合审美因素很多。金泉福银饰街就有经营不同地区苗族银饰的，有几家专打湘西银饰，其工艺比湘西好，但錾花工艺不行，所以苗族的錾花工艺实际上是从汉族及湖南洪江地区学来的。錾花技艺最好的是西亚，历史上工艺最好的是唐代。还有拉丝也是从汉族学过来的。拉丝工艺最好的是北京首饰厂、拉丝厂，苗族银饰制作工艺其实是落后的，汉族这种工艺达到极致后随之逐渐衰落最后由苗族继承。苗族银饰以前很简单，像"八仙""十八罗汉"图案都较为简易，不像汉族那么逼真。

在个案鉴定分析上，杨老师列举了具有代表性的银饰进行说明。例如，对苗族银头饰中银牛角的解释，杨老师认为苗文化中没有牛角，这个银角应该是银翅膀，叫"达你"，即翅膀之意，"达"意为翅膀，"你"意为银。雷山苗族自称为"鸟族"，牛帮我干活，还拿牛作祭祀是不对的，这是汉族对它偏颇的理解，是违背苗族文化本意的。一般银匠对一门工艺很精道，其他工艺则请人做，如錾刻、拉丝等。银角主要为女方嫁妆，而且每家图案都有差异，根据她的需要来做，杨老师的夫人梁定芳补充说："鸟"，指老祖宗，所以"银角"只给舅子，女儿不能带走，是为了传承需要。而锐角钉纹则是自我保护之意，苗族古歌中很多都有提到。另外，对于涡纹的理念，"涡纹"在苗文化里是代表天地的，"十"字纹饰则代表着鬼神类的道教文化，其文化内涵可追溯到中原文化的殷商时期，可见苗族银饰的渊源很深。经过一系列的调研与考察，笔者对苗族银饰的发展状况、分布范围、文化寓意、审美理想等有了较深的理解，这也为课题提供了强有力的支撑。就像银匠，在经过定期的银饰制作技艺比试后就有了一定的地位，别人就会模仿其作品，其自身的技艺也会不断提高。苗族银饰是银匠一辈子的心血，是银匠扎实地捶、錾、锻、打做出来的，所以颇具价值。这是一种审美群体性与权力的建构，于是它最终也可以规定并影响人们的审美趣味。

总之，审美是市场需求的产物，具有一定的群体性和权力特点，具有符号的强大支撑，苗族银饰的审美与格式塔心理学相符合，这是一种对其形式、审美符号的强大认同。

第三节　文献收集与通信访谈

　　笔者针对将苗族锻制技艺非遗传承人引入学校传统工艺课堂实践教学的情况，特意通过电话采访了湘黔地区国家级、省级苗族锻制技艺非遗传承人，在实地调研的基础上进一步了解苗族银匠、贵州黔东南的银饰锻制技艺国家级传承人杨光宾、苗族银饰锻制大师吴智、苗族银饰锻制技艺大师刘永贵等苗族银匠参与东部学校教学传承与发展的实际情况。并查阅国家相关文件及苗族银饰文化书籍、文章资料，深入了解非物质文化遗产进校园的现状，为苗族银饰文化产业特色课程开发与民族工艺教育扶贫提供借鉴与参考。

　　笔者：请问杨师傅这几年你有没有在学校上课，传承苗族银饰锻制技艺。

　　杨光宾：有，例如苏州工艺美术职业技术学院、凯里学院、北京电子科技职业学院就邀请我（作）为首饰设计专业的外聘教师，苏州工艺美术职业技术学院还在贵州雷山创立了杨光宾工作室，作为师生的校外实践教学基地。

　　笔者：上次我们到施洞采访过你，你说在上海工艺美术职业学院任教，请问吴师傅你是怎么在学校传授苗族银饰锻制技艺的？

　　吴智：上海工艺美术职业学院手工艺研究院外聘刺绣大师陈水琴、绒绣大师许凤英和本人等为学院客座教授领衔带教。学院为此创立了工艺美术制作与设计、展示与传承的工艺人才培养基地，积极吸引非遗传承人进驻校园。2012 年 3 月该院还引入了工艺传承大师班"3＋1""3＋2"的工艺人才培养模式，本人在每年都有为期 4个月的授课时间，主要教授银饰锻制技艺流程，学生所学习的内容与师傅所教授的工艺有关的产品，学生自己设计和自己制作，这些产品是以银饰或其他综合材料为基础而再创造的新产品。在这里，我的银饰作品每年都会在艺术展示厅进行展览。传统工艺美术非物质文化遗产教学场馆和艺术展示厅，为学生体验非遗的精湛工艺和感受优秀民族工艺文化提供了亲密接触的展示平台，从而也更充分地挖掘非物质文化遗产传承人对民族工艺的创作潜能。

笔者：请问刘师傅，你是如何与清华大学等学校展开苗族银饰锻制技艺课程教学合作的？

刘永贵：本人曾是清华大学美术学院、山东工艺美术学院和苏州工艺美术职业技术学院的外聘教师，每年在校授课一到三个月不等。没有教材，主要根据学院目前的需要讲錾刻和花丝工艺，而且课程讲述也不多，主要靠学生自己感悟，不懂的地方再示范指教。

从笔者走访的湘黔地区一些苗族银饰锻制技艺非物质文化遗产传承人和工艺美术大师来看，很多技艺精湛的师傅均表示他们在高校授课时没有教材、教案，许多相关课程的实施需要苗族银匠现场打制银饰，通常连续几个月进行手把手的技艺传授。除了教学外，苗族银饰锻制技艺传承人及工艺美术大师和学生一起共同开发新款式、新产品，以满足现代市场及消费者的审美需求，学校提供场所与银饰锻制机械及工具，学生将从设计专业学习的知识充分融入银饰产品的制作与开发，相关银饰产品投入市场后所得收入学校与师生共同分成。传统工艺美术类非物质文化遗产具有很强的综合性和实践性，相关银饰产品的开发可结合民族地区苗族银饰服饰文化节展演活动，如北京服装学院就参与 2013 年 10 月第四届中国凤凰银饰服饰文化节的苗族银饰服饰展演设计，吸引了不少国内外服饰研究学者和广大摄影爱好者、游客的关注。之后，第五届中国凤凰银饰服饰文化节（2015 年 12 月）、第六届中国凤凰银饰服饰文化节

（2017年10月），包括"百苗服饰展示""百苗服装秀比赛""苗族银饰服饰传承发展高峰论坛"等，共吸引来自广西、云南、贵州、四川、湖南等省份千余名苗族同胞参加。2017年10月30日晚上，第六届中国凤凰银饰服饰文化节在美丽的凤凰古城精彩落幕，颁奖晚会在边城剧场隆重举行。晚会现场，来自广西、云南、贵州、四川、湖南等省份苗族同胞身着节日盛装，穿戴精美的苗族银饰，载歌载舞，为大家带来一个个精彩绝伦的节目表演。醉人的歌声，迷人的鼓点，叮当作响的银饰服饰，多姿多彩的原生态民族舞蹈，无不令人动容和深深陶醉。当晚，颁奖晚会还表彰了来自五省份的16支代表队，并宣布中国·凤凰第六届苗族银饰服饰文化节暨"金秋银装秀·白苗靓彩凤凰城"银饰服饰秀获奖名单：一等奖：贵州都匀"黔南霓羽"，贵州松桃"锦绣苗乡"，广西融水"风情坡会"；二等奖：贵州榕江"古苗遗风、银秀美"，湖南靖州"花苗霓裳"，贵州雷山"高山流水"，贵州台江"盛装踩鼓舞"，贵州剑河"美丽剑河"；三等奖：贵州黄平"云上飞歌"，湖南花垣"苗乡赶歌"，四川兴文"吼当"，贵州贞丰"我在贵州等你"，云南威信"太阳花"，湖南吉首"苗族跳香舞"，贵州三穗"三穗传统芦笙舞"；荣誉奖：湖南凤凰"寿宴"。中国凤凰苗族银饰服饰文化节，是湘西土家族苗族自治州州委、州政府为宣传推介湘西、弘扬民族传统文化、促进文化旅游融合发展、打造湘西文化名片的重要举措，也是展示苗族精美的银饰服饰文化的一个重要窗口。[①] 由此可见，苗族银饰作品在日常生活及艺术展演中，同时涉及歌舞、民俗等多种艺术形式进行综合展示。苗族银饰传承人进校园、学校参与苗族地区文化节银饰服饰设计展演等活动，既使苗族银饰传承后继有人，又能根据

---

① 陈昊：《第六届中国凤凰苗族银饰服饰文化节精彩落幕》，凤凰网湖南，http：//hunan. ife-ng. com/a/20171225/6254110_0. shtml，2017年12月25日。

现代社会需求发展银饰技艺与创新民族银饰品牌产品，促进苗族银饰图案的创新发展，增加民族贫困地区苗族银饰传承人的经济收入与当地政府旅游收入，以此实现苗族银饰文化产业的创新发展。

一 苗族银饰锻制技艺非物质文化遗产走进校园的必要性

非物质文化遗产进校园是苗族银饰文化产业传承与创新的必由之路，将苗族锻制技艺非遗传承人引进学校是非常有必要的，但东西部高等教育学校、职业技术学校、中小学校等的优秀传统工艺教学与传承人的现身说法存在很大的差异，因而作为学校要对非遗传承人进行相关的理论培训、技艺考察和综合素质提升等工作，让苗族银饰锻制技艺传承人适应学校的教学体制。通过湘黔少数民族地区土生土长的苗族银饰锻制技艺传承人与东部学校协同合作研发教材、构建非遗课程体系，传承优秀传统工艺，从而实现民族地区教育精准扶贫。

可见，将民族优秀传统工艺引入课堂，依靠其地域性、民族性的特色，实践民族技艺传承与发展，为新时代区域发展和贫困人口脱贫致富提供指引。湘黔地区苗族银饰具有鲜明的民族特点和地域特点，苗族传统银饰工艺凝聚着苗族人民生活与劳动的智慧，通过抢救、传承和弘扬优秀苗族银饰锻制技艺非物质文化遗产，可以培养出一批具有较高民族艺术理论及首饰制作水平的专门人才，对苗族优秀传统工艺的传承和苗族银饰文化产业的可持续发展都具有十分重要的作用和意义。

传统工艺类非物质文化遗产在我国非遗文化中占有相当重要的位置。对此，中国高等院校首届非物质文化遗产教育教学研讨会于2002年在中央美术学院召开并发布了《非物质文化遗产教育宣言》（以下简称《宣言》），提出在大学现行教育知识体系构建中应当反映出本土非物质文化遗产的丰富性和文化价值，大学的非物质文化遗产传承教育应落实到学科创新发展和课程与教材的改革中，在非物质文化遗产传承中不能忽视作为非物质文化遗产传承主体的民众，尤其是农民群体的作用等重要观点。可见，在高校设置相应的民族工艺理论与实践课程，将非物质文化遗产教育引进高校将很好地实现非物质文化遗产的传承与传播，起到提高民族文化素质、塑造民族性格、开放民族胸怀、提升民族理想、推动民族文化创新的重要作用。然而，如何将《宣言》中的精神融入高校教育教学的体制中，如何将非物质文化遗产传承人请进课堂也就成为中国高等教育所面临的重大课题。

二　苗族银饰锻制技艺非遗传承人融入高校师资及实践课堂的探索

针对我国非物质文化遗产保护现状，全国政协委员李延声早在2012 年就建议将非物质文化遗产教育纳入国民教育体系，促进非物质文化遗产的传播和弘扬，并且还提倡有关专家学者编写教授非物质文化遗产及对其保护的教材，并在全国各个学校推广使用。[①] 从专家建言可见，今后非物质文化遗产相关系列课程的实施需要学校在实践教学中进一步完善，苗族银饰锻制技艺系列教材更需要学校设立相关项目提供经费支持，以及教师协助苗族银匠完成相关开发，尽量实现教材中图文并茂，以供广大师生学习参考。学院师生与苗族银饰锻制技艺非遗传承人协同开发苗族传统银饰工艺的校本教材，可让教学有的放矢。积极组织专家学者和学校教师团队与传承人对

---

① 中国艺术人类学学会、内蒙古大学艺术学院：《非物质文化遗产传承与艺术人类学研究》，学苑出版社，2013，第 301～302 页。

传统工艺美术类非物质文化遗产加以选择、整理和开发，以地处湘西土家族苗族自治州与张家界市的吉首大学为例，学校根据设计学、美术学学科专业设置和人才培养方案的需要，选择《湘西民族工艺文化》（2007）、《湘西苗族银饰锻制技艺》（2010）、《湘西苗族银饰审美文化研究》（2015）、《视觉传播与文化产业》（2017）等苗族银饰非物质文化遗产著作，搭建及开发适合大学生创新与就业的课程体系，让美术学院的非遗教学有据可依、有的放矢。同时鼓励师生积极进行传统工艺美术类非物质文化遗产项目的研究和申报，将湘西突出的苗族民间工艺美术，如苗族银饰锻制技艺、苗族刺绣、民间锉花、民间印染等人才培养列入人才培养计划。校外实践基地与凤凰苗族银饰锻制技艺传习所等进行协作交流，由传承人将基地授课和课堂授课相结合，加深学生对苗族银饰非物质文化遗产学习的兴趣。

从实践上传承优秀苗族银饰传统工艺，紧扣"民俗与艺术创作研究"的主题，将传统工艺、民俗文化应用在艺术创作及设计中，并融入设计学、美术学专业课程之中，坚持将艺术设计与创作的应用价值建立在学术研究基础之上。同时，东西部学校服装设计、产品设计、视觉传达设计、数字媒体艺术、美术学等相关专业在尊重苗族银饰艺术传播方式的同时更需要对现有的实践教学课程进行改革，将不同课程的教学内容重新整合和建构，课程的教学分模块进行，将传统银饰工艺与时尚元素相结合，由不同学科的教师队伍组成学科教学及科研团队，根据人才培养方案编写非物质文化遗产民族工艺美术教学大纲，将相关的银饰锻制技艺教学课程板块合理分布在非遗课程中，使之与学校艺术教育体系相吻合，便于完整、系统和有目的地完成实践教学任务，从而消除民间自发式传承非物质文化遗产的弊端，丰富学校实践教学的课堂。

针对非物质文化遗产传承以大众为主体的特征，探索非物质文化遗产传承学习进学校、社区、机关、企业、广场"五进"活动的长效机制。① 湖南省民族事务委员会对于非物质文化遗产的传承学习走进学校同样提出了相应要求与规划。然而目前学校的非物质文化遗产传承教育设施较为缺乏，只有建立学校与非遗传承人的无缝对接才能让学生更好地了解传统工艺的制作流传、文化内涵和艺术风格，为现有的艺术设计、美术学师范课程注入新鲜的血液。要让校园课堂作为传统工艺类非遗传承的讲坛，将地方文化与民间工艺美术纳入艺术教育的课程体系；同时，理智而明确地筛选、发掘该领域的传承人是非常有必要的。

　　随着非物质文化遗产越来越受到人们的重视，很多学校开始将非物质文化遗产传承人请进课堂、工作室进行集中传艺，同时也与地方文化主管部门成立各种形式的非物质文化遗产实践教学基地，让师生走进当地"非遗"技艺培训中心、生产基地、研究所、工艺坊以及传习点等进行互动学习。目前很多艺术院校及职业技术学院均与传承人建立了这种协作关系。毋庸置疑，非物质文化遗产传承人与学校设计学各专业及工艺美术行业的深度合作是意义重大的。一是我国几千年来具有历史文化积淀的传统手工艺美术与"非遗"有着血缘关系，具有先天的研究优势，成果丰硕。② 二是大学生接触民族工艺美术遗产也能给自己增加一技之长，从另一个侧面了解中华文明的博大精深，传统民族工艺美术类非物质文化遗产相对深奥的艺术原理和审美哲学在这种情境中更能让学生理解和接受。三是

① 黄青松、向启军、彭世贵、彭业忠：《灵魂湘西——州非物质文化遗产保护纪实》，《团结报》2012 年 6 月 1 日。
② 黄莉敏：《地理学介入"非遗"研究：内容取向与人才培养体系构建——基于〈非物质文化遗产教育宣言〉的响应》，《内蒙古师范大学学报》（教育科学版）2013 年第 7 期，第 92 页。

传承人具有丰富的实践经验，是该领域的大师，让其与学校实践教学相结合，可对学校既定的课程体系进行有益的补充，有利于建立丰富的人才资源档案库，同时也将拓宽传承人的传承途径和渠道，优化课堂教学资源和师资队伍建设。

相比较而言，非遗传承人与学校艺术设计教师面对的教学对象全然不同，非遗传承人教授的对象多是在本民族文化浸润下成长起来的家族成员，而且很多家族成员还被本土文化传统特有的封闭性束缚，这将为教学带来消极影响。但高校的大学生则不同，他们入校前对非物质文化遗产知之甚少，加之大课堂集体化的授课形式和宽松自由的学习环境也让他们面临多种选择。再就是非遗传承人在传授徒弟的时候不用考虑学分、课时、评价等因素，只要通过口传身授让徒弟去感悟即可，高校艺术设计教师在教学中则必须遵循教学大纲的课程设置进行系统而规范的教学。加之很多非遗传承人年龄偏大，文化水平偏低，这些都造成其与高校师生沟通的障碍。因此，要将非遗传承人请入课堂就必须解决两者之间的差异，实现合理的融合和对接。

根据工艺美术实践教学的特点，考虑到非物质文化遗产传承人传艺授徒与学校教育培养之间的差异性，学校要充分对选聘传承人的方案进行有目的、有计划的制定和论证，同时还要定期对传承人的综合文化素质、专业技艺水平进行考察，按学校人才培养方向和要求引导传承人进行传统工艺产品的研发和制作，循序渐进分批次定期聘用传承人，并且下发正式聘用书和聘用合同，增强传承人参与学校实践教学的积极性和责任感。对传承人要进行多次专业培训，以适应学校的实践课堂教学，提高传承人的个人综合素质，目前全国有近 50 所学校承担这样的培训工作。例如，由文化部出资，贵州省文化厅指定的贵州凯里学院与黔东南民族职业技术学院就曾对国家级、省级、州级等各级非遗传承人进行民族民间工艺美术的培训。[①] 非遗传承人经过美术理论知识的武装加上自身娴熟的技艺，在一定程度上也实现了与学校师资和课程体系的接轨，进而让传承人适应学校的实践教学模式。

积极探索苗族银饰非遗传承人与学校实践教学课堂融合的途径。一是积极为苗族非物质民族传统工艺遗产传承人提供发展平台，改革现行工艺美术教育体制中某些程式化的教学模式，为苗族银饰锻制技艺非遗传承人提供传授的实践场所和实践方案。二是加强苗族传统民族工艺类非遗传承人的培训工作，定期考察并聘用苗族银饰非遗传承人。高校可根据本地域存在的传统工艺美术类非物质文化遗产的实际情况开展苗族银饰传统技艺的开发研究和工艺产品制作流程等方面的研究，甚至在学校增设苗族银饰非物质文化遗产传承与创新、制作相关的研究生专业，在立足乡土民间的基础上将非物质文化遗产的实践教学进行有序编排，研究苗族银饰非物质文化遗产溯源、开发的方式方法和融入高校实践课程体系的手段。

苗族银饰优秀传统工艺非物质文化遗产传承人进入学校，势必在高校实践教学中起到非常重要的作用，他们肩负着传艺、育人和创新的多重任务。传承人的角色转型并不是抹杀他们与学校教育体制之间的差异，而是使这些存在于民间的苗族优秀文化适应现代传承方式并获得升华。非物质文化遗产进入校园是当下高校艺术教育发展的必然趋势，学校作为多元文化并存之地始终存在跨文化冲突，同时也存在主流文化对各种文化的整合。学校既要承认自身文化与非遗传承人文化之间的差异，还要尊重这种差异，克服对非遗传承

---

① 康宝成：《中国非物质文化遗产保护发展报告（2013）》，社会科学文献出版社，2013，第363页。

人教学评价中的"偏见"和狭隘，[1] 只有这样才能实现传承人与学校教师队伍和教育体制的深度融合与对接，真正让传统工艺美术类非物质文化遗产活在我们身边，为实现民族地区教育扶贫的目标添能加油。

第四节　文献鉴别与历史性调查

苗族银饰具有悠久的历史，从相关文献进行溯源，对它的产生与发展进行历史性调查，是研究苗族银饰文化产业的基础。基于此，笔者通过翻阅大量的历史文献资料，结合对苗族银匠的访谈，刨根问底，探寻苗族银饰与白银货币、商品价值、市场需求的关系，追寻苗族银饰的发展脉络，展望其未来。

苗族将银作为装饰物品由来已久，人们对白银的喜爱有很多原因，既有它的象征寓意，也因为它像黄金一样闪烁着美丽的光泽。在美学界，学者论说金银的审美属性是与它的自然属性相连的，故而它是"满足奢侈、装饰、华丽、炫耀等需要的天然材料，成为剩余和财富的积极形式"[2]。白银自古就是稀贵金属，《尚书·禹贡》中有"厥贡惟金三品"，金三品是金、银、铜三种金属贡品。正因为白银的贵重，秦始皇在统一币制的时候曾规定白银只能作为饰物和宝藏，不做货币，到汉初时还不用白银做货币，只作为饰物和宝藏。在 1938 年安徽寿县发掘的战国楚幽王墓和 1995 年江苏徐州发掘的西汉楚王陵中都只有银制器皿出土。秦汉时期的苗族一部分已进入今贵州北部、中部、西北部和川南聚居，一部分则经湖南西南部深

---

① 王军、董艳：《民族文化传承与教育》，中央民族大学出版社，2007，第 86～87 页。
② 《马克思恩格斯全集》第 13 卷，人民出版社，1998，第 145 页。

入贵州东南、西南和广西等地。①

　　苗族自春秋战国时期受到中原文化的影响开始喜欢使用银制物品，自东汉开始由银制器具发展到了身体装饰上。1971 年，在贵州安顺宁谷东汉墓中发掘出银指环 3 件、银手镯 6 件、银顶针 2 件、银戒指 1 件、银珠 4 件；1972 年，在贵州毕节黔西汉墓中发掘出银手镯 2 件、银铃 2 件；1987 年，在贵州黔西南兴仁汉墓中发掘出银器具 12 件。② 此时的银饰数量和款式都很少。

　　两晋南北朝时期，王公贵族都曾私养银匠在家。③ 他们采用白银作为价值的储藏工具和支付工具，很大的一个原因就是白银有作为装饰品的用途。在晋代的墓葬中银饰器物非常普遍，类型如戒指、钗、手镯、圈、珠、顶针、耳挖等，经过魏晋南北朝长达三百多年的封建割据和连绵不断的战争，苗族南迁到了今贵州省的大部分地区和川南、桂北等地，此时的苗族银饰较前代有所增加。1957 年，在贵州平坝尹关清理六朝墓葬时发掘出的银钗、手镯及戒指等；1965 年，在贵州平坝马场的东晋南朝墓中发掘出银饰 116 件，其中发钗 48 件，簪 4 件，跳脱 2 件，手镯 13 件，戒指 27 件，顶针 3 件，包金银泡钉 5 件，耳钩 1 件，银钮 5 件等银饰品，④ 制作工艺都比较粗糙。

　　隋唐时代的白银备受重视，白银的使用更加普遍，特别在岭南一带。韩愈曰："五岭买卖皆以银"，张籍也有"蛮州市用银"的诗句。但是唐代的白银并不都铸成货币，货币流通也不怎么发达，私铸银铤而不做流通用的不算犯罪，所以很多时候白银都制成各种器

① 伍新福：《中国苗族通史》（上），贵州民族出版社，1999，第 90 页。
② 王菊荣、王克松：《苗族银饰源流考》，《黔南民族师范学院学报》2005 年第 5 期，第 69 页。
③ 彭信威：《中国货币史》，上海人民出版社，2007，第 172 页。
④ 王菊荣、王克松：《苗族银饰源流考》，《黔南民族师范学院学报》2005 年第 5 期，第 69 页。

皿或饰物用以赏赐或馈赠，民间银匠就将白银锻制成了银饰。由于银饰普及民间，就产生了一批真正的银匠，他们的社会地位、经济力量也随着国内和平统一、工商业发达而明显提高与增强，并且由巡游的匠人逐渐发展成自立门面专门进行金银器饰制作的金银铺。①生活在中国西南的苗族在相对稳定的生产生活中与汉族交往日益频繁，喜佩银饰的习俗日益增加，有关苗人喜饰银器的记载也多在零星的汉文献记载中出现，《新唐书》就记载了贞观三年东谢蛮首领谢元深入朝进贡时"以金银络额"的打扮。

到了宋代，白银的使用超过了黄金，由于临近的契丹、女真、蒙古等民族在同西域的贸易中都使用白银，受此影响宋代也大量通行白银。宋代除了铁钱、铜钱以及各种不同的纸币外，只有白银不分地区，通行全国，所以银钱不仅宫廷储藏很多，流到民间的也有不少。②白银进入西南地区后也曾被锻制成饰物，贵州清镇市琊陇坝宋朝墓葬中的殉葬品中，装饰品就有铜、银及铜鎏金手镯、银项圈等，手镯为薄银片制成，上面錾花，花纹錾好后捶打制成凸出的直轮纹③，风格都较前朝特殊和精美。

明朝时期白银深受中亚币制的影响，从洪武末年开始盛行，从15世纪30年代起，政府正式取消用银禁令，于是白银超过了对商品流通的正常需要。这时候白银的增加除了来自库藏白银的投放外，还有从美洲、日本、西班牙、葡萄牙、荷兰等国流入的白银。白银成为法定货币后，虽然带动了商业的兴旺，但并没有给百姓带来实质性的好处。2005年李隆生博士认为明末中国白银总存储量可能达到7.5亿两，而市面上流通的白银不过2亿两，大量的白银都被文

---

① 〔日〕圆仁:《入唐求法巡礼记》，广西师范大学出版社，2007。
② （宋）《大宋宣和遗事》亨集。
③ 王菊荣、王克松:《苗族银饰源流考》，《黔南民族师范学院学报》2005年第5期，第69页。

武百官及商人、百姓"窖藏"了。

白银在苗疆积聚下来是完全有可能的，它除了与全国性的"窖藏"有关外还有着很多其他因素。一是明朝永乐十一年，贵州正式建省，从而使白银以货币的形式进入黔西南山区，部分取代了苗族"以物易物"的交易方式。二是贵州的军饷主要由川、湖协济，每年折银三万零七百二十两，其中四川协济四万石纳本色，三万石折布，三万石折银。当时属四川的播州宣慰司所征折银三千余两，使白银也大量积聚。三是土官朝贡时，朝廷皆赏赐白银、钱、纱，这也是白银增加的一个方面。四是万历八年以来实行的"一条鞭法"使银钱更为重要①，人们更愿意掌握白银硬通货而不用纸币。另外，从万历二十四年开始，开矿高潮也使得白银急剧增加，仅万历一朝就开出八百七十万两白银，其数目是嘉靖朝的4.5倍；同时国外输入的数目也有所增加，从万历十三年到二十八年共获得三百二十万两白银。② 当时在贵州地界使用苗香花银，同时也开采出一些银矿，这些都成为苗族银饰最终繁荣的主要原因。综上所述，苗族银饰应该在明万历朝前后开始普遍成熟，而明代史籍在此时对于苗族银饰的记载也较为全面和系统。例如，万历年间郭子章在《黔记》中描述："其妇女发髻散绾，额前插木梳，富者以金银，耳环亦以金银，多者五六如连环。"翟九思的《万历武功录》卷六也有苗族"以银环、银圈饰耳"的记载。此时的苗族银饰多由汉族银匠通过游走的方式来到苗疆进行锻制，银饰毕竟是一种奢侈品，加之苗疆百姓普遍生活贫困，所以银饰在此时只是少数富裕人家的专属品。汉族银匠所带来的银饰锻制技艺和汉族文化的审美观念深刻地影响并渗透到苗族人民的日常生活中。

---

① 尹浩英：《苗族银饰制作工艺初探》，《广西民族大学学报》2007年第6期，第52页。
② 李连利：《白银帝国》，华中科技大学出版社，2012，第169~171页。

汉族银饰锻制技艺及审美的影响使苗族银饰在清代发生了重大变化，清朝时期正式实行银钱本位制，社会上流通的白银种类繁多，大体可分为四种。一为元宝，每个重五十两；二为中锭，重约十两；三为小锞或锞子，重一至五两不等，也叫小锭；四为散碎银子，有滴珠、福珠等名称，重量在一两以下。[①] 由于银两的成色和标准并不是整齐划一，所以在流通时很不方便，特别是散碎银子，要在交易中折合计算和称重，很麻烦。于是，自外国银圆流入内地后很快便大受欢迎，乾隆以前外国银圆只允许在澳门贸易。外国商人要买中国的丝绸、茶叶、瓷器就必须用银两交易，所以自道光年间开始，洋钱就已深入内地，从广东福建一直到黄河以南，都有流通。当时在中国流通的外国银圆有十多种，其中最通行的是由墨西哥铸造的本洋，鸦片战争前有4亿多本洋流入中国；后由于鸦片的大量输入，有大约2亿的本洋流出，还剩下2亿多本洋；1821年墨西哥独立后，本洋停产，有相当大一部分就被销熔而做他用了。1823年，墨西哥生产的新币鹰洋由于成色好，又成为中国各都市的标准货币，其影响力甚至超过了本洋。1877~1910年，墨西哥输出4.68亿鹰洋，其中绝大部分都流到了中国。[②] 除此之外，清代各省份还曾自铸银锭和银饼，如当时的贵州就有很多曹银。清康熙、雍正年间，清王朝开始对西南苗族实行裁革土司、开辟生苗的"改土归流"，从而改变了苗族的内部生活以及历史发展。"改土归流"后苗族地区的金属加工业、商业、农业等均有了长足的进展，如惠水摆金苗族铁匠的打铁技艺非常高，该地的苗刀闻名遐迩，这为苗族银匠的兴起奠定了一定的基础。这时的苗区和苗汉杂居区设置有不少汉、苗物品交易市场，黔东南清水江流域的木材贸易自明末清初逐步兴起，"改土归

---

① 彭信威：《中国货币史》，上海人民出版社，2007，第575页。
② 彭信威：《中国货币史》，上海人民出版社，2007，第579页。

流"后大量溯长江、沅江而上的安徽、江西、陕西以及湖南常德、洪江等地的木材商人，集聚于锦屏的王寨、茅坪、卦冶等苗村收购木材，而本地的苗族商人则采购木材在王寨等集市卖给水客，据估计，每年成交总额在二三百万两白银。① 自清雍正年间白银进入苗疆以后，就成为苗族人们银饰加工的主要原料。但是在清代，官银代表信誉，民间改变官银是由金银铺这样的专业部门操作的，私自销毁及铸造都是重罪，再加上将银锭销毁而做银饰势必影响银锭的重量，所以到清朝中后期，银饰材质主要来自外国银圆和滴珠、福珠这样不方便流通的散碎银子。特别在道光年间，很多外国银圆都被销毁而做了苗族银饰的锻制材料，由此可知，苗族银饰的发展不仅与清代的银本位制有关，也与外币大量流入中国有很大关系。

笔者通过对苗族银匠的访谈，了解到苗区的很多银匠传承都在五六代，所以苗族银匠的产生应该在清道光年前后。苗族的制铁技术在清代发展迅速，苗族第一代银匠从铁匠改行开始向汉族银匠学习制银技艺，他们曾南下广州、梅州，东去宁波、江西学艺，所以苗族银饰也是苗汉文化多元互动的结果。进入民国后银匠继续熔化鹰洋制作银饰，之后也有使用广东、云南两省出产的银毫为原料制作的，但成色较差。这一时期，北洋军阀政府向国外贷款并由墨西哥铸造"袁大头"继续将银圆作为主币，直到1935年法币流通，银钱本位制被废止，银圆才开始大量被销毁而制作银饰，以至抗战时期苗族银饰无论从数量上还是从种类上都空前增加。抗战时期的苗族第三代、第四代银匠在前人的基础上做出了很多审美的改进，从而呈现出现代的繁荣景象。20世纪80年代，银饰工艺品逐渐发展成大型的身体装饰品，现在，银匠的白银主要由湖南郴州的永兴提供

---

① 杨有赓：《清代清水江下游苗族村契研究》，载《苗学研究会成立大会暨第一届学术讨论会论文集》，贵州民族出版社，1989。

而进行来料加工，继续翻新着银饰的工艺及纹样。千百年来，制银业的发展促成了银饰艺术的发展，同时也折射出中华民族政治、经济以及价值观念的变化，它不仅是国家多元文化的产物，也是货币经济兴衰荣辱的有力见证。因而，以白银为经济基础的社会市场环境必然带来与之相适应的银饰审美及佩饰文化。①

---

① 郑泓灏：《白银文化的变革与苗族银饰的产生及发展》，《大众文艺》2016 年第 17 期，第 57～58 页。

第四章　实地考察苗族银饰文化产业的现状与发展

第一节　吉首及周边苗族银饰工艺的生存现状及发展趋势

　　吉首及与之毗邻的保靖、古丈等地的苗族银饰有着寓教于乐、流芳后世以及佩戴上的精巧灵活等功能与特点，无论在图案寓意还是在艺术风格上都与凤凰、花垣等地的苗族银饰存在较大的差别，但目前人们对该地域苗族银饰关注较少，加之该地域银饰佩戴习俗日趋汉化，从而使该地域制银工艺出现衰微态势。笔者在田野调研基础上，对这一现象进行了深入了解，并就该地域苗族银饰的生存现状提出了政府必须加大生态文明建设力度和保护经费投入以及其他行业组织加以关注并给予大力支持，才能实现吉首及周边地域苗族银饰健康发展的观点。

　　位于湖南西部的湘西土家族苗族自治州是有名的民间文化艺术之乡，其中流行在以吉首为中心的古丈县、保靖县等地的苗族银饰又因种类相同、图案相近、文化蕴涵一致，是湘西较为突出且濒危的众多传统工艺中的一种，它同毗邻的凤凰、花垣等地苗族银饰所表现的繁复、夸张形成鲜明对比。该地域苗族银饰既有雕刻艺术中凿、镂、磨、修、錾的创作手法和绘画艺术中的线条、形体的表现形式，同时还包含着寓教于乐和流芳后世的淳朴愿望，具有浓郁的人文及艺术特色。银饰的图案设计和文化内涵融汇了工匠心灵与手巧相结合的精神魅力，同时还表现出了苗汉文化的互动主题和机智灵巧的佩戴方式。因而，坚持吉首、古丈和保靖等地苗族银饰工艺创作的整体性和核心技艺的真实性将是保护、传承并发展该地域苗族银饰制作工艺的关键，同时也是活跃地方民族民间文化和旅游经济的关键。

一　该地域苗族银饰的种类及特点

该地域的银饰图案简洁大方又不失精美细致，工艺考究又不喧宾夺主，很好地突出了服装上繁复的花纹。其种类可分为头花饰、牙签链、围裙链、银花片（见图 4 - 1）、三根丝手镯、竹叶手镯、五连箍戒指、九连花戒指、龙头瓜子耳环、根根耳环、银簪、儿童帽链（见图 4 - 2）、儿童手镯、后尾等。这些古朴而别致的银饰有

图 4 - 1　镶有银花片的围兜裙（施家科制作）　　田爱华摄

着很高的艺术审美价值、使用价值和收藏价值。

图 4 - 2　儿童帽链（施家科制作）　　田爱华摄

（一）人文关怀性

该地域的苗族银饰图案造型具象而生动，寓意深刻而美好。比如牙签链的四段式造型设计，上端的蝴蝶两边刻有"富家之宝"四个汉字的瓜子吊方形灯笼，寓意家庭殷实必须以此为传家之宝；中间两段分别是花篮、偏桃、猴、鱼等什物；下端为"四蝶闹花"银牌，银牌垂挂物件有耳挖、枪、大刀、宝剑、芭蕉扇、牙签、红缨枪等器具。还有绕缠在脖子上被苗语称为"拿卖贡"的围裙链（见图 4 - 3），整条链由 32 朵梅花将蝴蝶、花篮、凤凰等图案串联起来，最上端是塑有"永存千秋"和"长留万年"字样的方形瓜子吊灯笼；下端缝钉在腰裙上的银牌锻制凤凰或秦叔宝、尉迟恭、五子门神、宫殿等图案，所有图案浮雕效果强烈，特别是秦叔宝、尉迟恭、五子门神的细部刻画，可谓须发可见、栩栩如生。喻示只有永远流传此件银饰物品方能永保家族人安年丰。儿童帽链（见图 4 - 4）上连接着四只蝙蝠、"寿"字、古钱、狮子踩球和鳌鱼等图案，特别是鳌鱼，作弯曲上跃状，相传古时天塌下来是勇敢的鳌鱼撑起的天空，喻示小孩长大能有所作为、敢于担当。对小孩寄予厚望的还有压印"天子门生"汉字挂头印的儿童手镯（见图 4 - 5），喻示小孩是老天赐的，父母需要加倍珍视，鱼簸箕又是对小孩要从小做事勤快的忠告。另有与汉文化

图 4 - 3　围裙链（施家科制作）　　郑泓灏摄

图 4 - 4　儿童帽链（施家科制作）　　郑泓灏摄

非常接近的"三龙出洞"儿童银后尾图案，寄托小孩长大后飞黄腾达的美好愿望。整套银饰总体感觉主纹和辅纹层次分明，既有活泼生动的说教，又有美观大方的纹样造型，人文关怀特点非常明显。

图 4 – 5　儿童手镯（施家科制作）　　郑泓灏摄

（二）生动灵活性

吉首及周边地区苗族被当地人称为"浅苗"，意为与汉族文化相近的苗族，因而该地域苗族银饰有着汉族银饰小巧、灵活和生动的造型，其局部刻画细腻温婉，注重器饰表面的光滑圆润和灵巧活泼。例如，小孩帽饰上的八仙图案，就有"文八仙""武八仙""出洞八仙"的细致区分，而且每个神仙的相貌姿态活灵活现，眉眼嘴鼻清晰可辨，形象而生动。这和深受苗族妇女喜欢的龙头瓜子耳环一样，龙头耳环上的龙须、龙鳞及龙眼惟妙惟肖，龙角、龙嘴、龙舌凹凸有致，变化多端。还有可以灵活拆卸的五连箍套戒更是精巧，它由仅有头发丝细的银丝扭成的四个花丝戒指和一个光面戒指组合而成，戴时将它们扭和在一起形成一个套戒组合，脱下时则是相互分离而又彼此串联在一起，构造十分巧妙，体现了银匠的聪明才智。

二　该地域制银工艺的境遇

20 世纪 50 年代，是吉首、古丈、保靖苗族银饰的盛行期，在吉首市每年都由百货公司安排任务组织银匠锻制银饰并统购统销，当时吉首、九龙、马颈坳、龙鼻、夯沙、排扒等地都有银匠。20 世纪 70 年代以后，制银工艺开始衰微。据笔者了解，目前真正从事苗族银饰锻制的本地银匠只有 75 岁高龄的施家科师傅，当地人称他为"匠翁"。施师傅从事制银工艺已有 55 年，在他年轻时吉首及周边地区都有银匠，但有的银匠由于手艺不精而改行，有的已经去世，只有施师傅坚持做了数十年，成为吉首远近闻名的银匠师傅，目前他和爱人龙兴英一起继续做吉首、古丈、保靖等地的传统手工银饰，然后再赶夯沙、矮寨、马颈坳、龙鼻、大兴的集市去出售。从该地域银饰行业的式微情形来看，银饰普遍存在图案内容缺少变化、创作观念因循守旧等问题，加上现代化工艺的冲击，一次成型的压模产品充斥着市场，这些都让该地域传统苗族银饰陷入生存困境。然而湘西凤凰、花垣等地的苗族银饰却备受世人重视，银饰的发展势头良好，相比之下吉首、古丈、保靖等地由于苗族人口比较分散，加之又受现代都市文明影响，传统的制银行业出现严重萎缩的局面，昔日制银工艺普遍流行的古丈县龙鼻、九龙、坪坝、茅坪等乡镇，保靖县的夯沙、葫芦等乡镇和吉首市马颈坳、河溪、太平等乡镇现已非常稀少，出现了这些地区只有苗族人而没有苗族银饰的尴尬情形。面对这种状况，社会化的全面关注必须提上日程，要将苗族银饰保存在民间，将锻制技艺保存在它适应生存的环境中，杜绝破坏传统的规模化生产。

苗族银饰是在特定的民族民间生活中繁衍和发展起来的，任何一种文化形式，都有着发生、发展和消亡的过程，生长在吉首、古丈和保靖等地的银饰艺术，只有对其进行生产性保护才能让该地域苗族银饰走向健康发展的传承之路。当前，在加大生态文明建设力度，加大政府的保护经费和其他行业组织的关注的情况下，将保护该地域苗族银饰的个性风格和它赖以生存的文化生态环境结合起来，将合理发展和有效引导结合起来，将其放置在守护精神、贡献民生的层面，才能让该地域苗族银饰再一次广泛地进入市场和百姓的生活空间，在经济生产中重新恢复活力。因而，在该地域重建文化市场、掌握产销情况、改善银匠境况、加大宣传力度也就成为苗族银饰能更好发展的手段，只有通过这一系列措施的合理实施，才能有效遏制苗族银饰的非正常消失，从而让苗族银饰更好地回应时代的嬗变，在走向当代文化艺术交流的领域中充满活力。①

第二节　当代文化语境下的苗族银衣装饰习俗及保护研究

将苗族银饰艺术放在现代文化观念中来审视其价值，是具有独特形态意义的民族文化的核心，它的存在方式首先是以身体艺术作为本体，能够凸显其传统中的开放性、消费性甚至是时尚性的现代文化意义，银饰的审美在现代浮华、躁动的形态下所坚守的唯材料生态观也是苗族传统文化在全球新语境下的重要显现形式，这不但是民族文化资源现代化文艺创意的巨大转型，也是对苗族银饰的关注，还是艺术人类学现代价值的集中体现。

银衣片装饰构成苗族身体装饰的重点，它是全身银饰中造型最精美、图案最丰富、创作想象最自由的部分。本文分别以雷山、施洞、凯棠等地的装饰为例，以叙事研究为基础，分析其装饰风格、图案造型、艺术特点及审美理想。同时也分析了当代文化语境下银

---

① 田爱华、郑泓灏：《视觉传播与文化产业》，吉林美术出版社，2017，第72～76页。

衣装饰文化的保护和发展。

苗族作为古老的农耕民族，世居于西南的高寒山区，长期日出而作、日落而息的弯腰劳动和与自然生物打交道的过程培育出了苗族人特有的审美观。因为背部朝天，于是就启发了人们对背部的装饰灵感；又由于胸前与身后面积较大，且在人们的最佳视域范围内，于是胸前及身后的空白就成了苗族进行重点美化的部位，为了重点展现和突出这些部位，苗族选择了折光力强、洁白耀眼、会随着光线强弱变化而变化的白银为装饰材料。

一　苗族女上装的装饰元素

苗族的身体装饰主要体现在上衣的前胸、后背以及衣领、衣袖和衣角边，其装饰物品分别是大小不等的银衣片、衣泡、衣角吊片、银背牌，加上银铃缝钉于服装的空白之处进行综合展示，银衣片的形状大小各异，有圆形、方形、三角形、半圆形、梯形、不规则形等各式形状，被缝缀银衣片的苗族女上装貌似古时勇士的铠甲，贵州清水江流域各支系的苗族都流行在节日的时候穿着银衣进行身体展示，银衣片的类型大致可分为以下几种。

（一）圆形银衣牌（片）

这种银衣牌多出现于衣背装饰上，流行于黔东南的凯里、雷山、凯棠、台江等多个地区，圆形银衣牌形状较大，内圈为鹡宇鸟的鱼纹龙身鸟头复合造型，第二圈是龙、虎、牛、象、蛇、猴、马、蜈蚣及人类始祖姜央的连续纹样，第三圈为藤草水泡纹。圆形银衣牌多用压模、錾刻、透雕等创作手法，将苗族古歌中的内容以适合的图案形式体现出来，表现出一种直观形象的故事性画面。另外，还有一种小型的圆形银衣片，图案及工艺均较为简单，为单独纹样造型。

（二）方形银衣片

方形银衣片一般装饰于衣摆及衣背的位置，是黔东南各地苗族最具代表性、图案题材最为丰富，同时也是苗族服饰体系中最为华丽和精细的装饰品，特别是台江施洞的方形银衣片，其图案多以单独纹样的形式出现，造型繁复且层次丰富，制作上采用满构图形式，通常在半立体浮雕的压花银片上进行錾刻镂空等加工。

（三）三角形银衣片

三角形银衣片广泛出现于衣角边缘，有保护衣角不受磨损的实用功能，衣角片角隅纹饰的图案内容皆以蝴蝶纹和水泡纹交替出现，蝴蝶纹则以图案添加组合和人头蝶身的幻化造型为主，整个银片图案抽象且呈对称排列，一般一次压模成形。

（四）半圆形银衣片

黔东南的凯棠、施洞等地苗族常喜欢用半圆形银衣片进行拼贴组合成一个大银牌来装饰上衣的后背，此半圆形银片的图案复杂精美，纹饰呈平衡均齐式左右排列，可便于折叠衣服时的左右对称，施洞的银片下方还坠有响铃，极富装饰性。

（五）梯形银衣片

黔东南凯棠苗族所用的装饰形状，一般围绕圆形银衣片呈放射状排列，图案有喜鹊闹梅花及藤草折枝花等造型，以压花工艺为主。

（六）不规则形银衣片

这类银衣片使用广泛，特别在黔东松桃、湘西等地的苗族服饰中出现频率最高，图案内容均是双翅平展、下坠铃铛的蝴蝶造型，除此之外还有黔东南的各种复合幻化的动物造型。另外，还有一种不规则的小型银衣片，其装饰有衬托、点缀的作用，分布在衣领、衣袖、衣边、肩头、上臂等位置，其装饰效果别有一番风味，图案内容包括蝙蝠纹、浮萍花纹、水泡纹、"寿"字纹等。

当然，每个银匠根据自己对古歌故事以及审美的理解所创作的纹饰也会有区别，但民族对银饰的审美共性却是相通的。

二　苗族银衣片的装饰风格和艺术特点

苗族银衣片的装饰习俗是苗族人民民族审美文化和民族精神的物化形式，所以身体前后部位的银衣片是装饰面积最大、用银最多且是银匠艺术创作思维最为活跃、意象创造最为丰富的地方，无论是银衣片的图案造型还是各式银片的排列组合，都包含着巨大的文化心理容量，其中有许多创造意识和审美追求都体现着人神交融、天地感应的巫教思维。当然，苗族银衣片装饰布局中顺应自然、观像悟道以及整合泛灵的思维模式也体现出苗族银衣装饰艺术的个性色彩。

银衣片的装饰风格已发展成附着在身体上的一种形象的身体语言，虽然不同地域苗族的装饰习俗不一样，但他们都完成了将美进行符号化的功能表达。例如，贵州台江的银衣装饰形式（见图4-6），其衣背上排列13块不同形状的银衣片，第一排平行排列3块银衣片，两边为蝴蝶，中间是鸟的纹样；第二排也是3块银衣片，两边为麒麟滚球，中间则是鹡宇鸟孵蛋的大银牌形状；第三排的3块银衣片则是单头双生龙以及飞龙等图案，单头双生龙中的双身代表着两只手，中间为变形的鸟纹，图案为"外龙内鸟"造型，飞龙身上长着鸟翅膀，龙身有鱼的模样，喻示此龙能上天入海；第四排为平行排列的4块银片，两边为繁衍多子的鱼纹，中间为虫子纹样，背上这13块银衣片标示着苗族13年一次牯藏节庆典的时间，但也有人把13块银片认为是12生肖加上鹡宇鸟孵蛋创造人类始祖的标识银牌。另外后肩上臂要缝制36个银泡，每只衣袖上要缝制12个

图4-6 贵州台江银衣片背饰
田爱华摄

小蝙蝠纹饰，共24个蝙蝠纹饰，或每只衣袖上缝制9个大蝙蝠纹饰，共18个蝙蝠纹饰，非常讲究银片个数及装饰部位的规则对称。胸前衣边吊片和衣角片为8块，图案为麒麟送子及人骑狮子纹样；衣角边的三角形银衣片为2片，方形的银衣片为5片；背面下端则是10块银衣片，图案均与蝴蝶妈妈与水泡恋爱的神话故事有关，每块银片上均坠有数个铃铛，银铃的细碎声响代表着家族子孙繁多，热闹昌盛之意，包含着苗族以繁衍生殖为审美认识的传统观念。这些佩戴习俗是该地区对美感的普遍认同，即整个衣背的银衣片以大圆牌为核心形成左右对称的装饰布局，同时将飞禽放在第一排，瑞兽放在第二、三排，水禽与虫放在第四排。[1] 在银片的排列上遵循着自然生态空间的生存法则，讲究"无碍于物""神性自由"的主观创作，同时在装饰布局上也要"依乎天理""应物自然"。

施洞银衣片装饰则表现出遵循客观理性的形式美法则和追求情感真实、自然流露的繁复美感，其图案多为图底结合、半立体浮雕的具象造型（见图4-7）。银衣片在背后最上端是两个透雕半圆拼接的双龙正圆形，两边为蝴蝶或凤鸟的三角形，以下依次排列为整齐的三排，分别为大片6块、中片7块、小片7块；衣服前面也是大片6块、中片7块、小片7块。整个排列规则是上排14块，中排

---

[1] 根据贵州省雷山县控拜村著名银匠、2007年国家级第一批苗族银饰锻制技艺非物质文化遗产传承人杨光宾的叙述整理。

14 块，下排 12 块，前后共 40 块银衣片，组成银衣的整体装饰风格。在银衣片中间穿插 500 个银泡用于分割方形银衣片和装饰衣摆、袖口等部位；下端垂吊 60 个蝴蝶芝麻响铃。银衣片上排为方中带圆的单独纹样图案，第二、第三排均为方形单独纹样，其中有人骑麒麟、双猴抢物、仙人骑狮、官人骑马、仙鹤衔枝、童子骑鱼、观音送子等吉祥图案和龙、凤、蝴蝶、锦鸡、鱼、双虎、双狮以及少量牛头龙、双头鸟等"互渗变化"的图案造型。[1] 每种图案的底纹均用花卉、藤草、树枝等填充，且每种图案都錾刻在两块银片上，以便形成左右对称的排列形式。可以看出这些纹饰布局和装饰手法运用已是相当纯熟，造型精致大方，汉文化特点突出，在银片的缝缀上虽没有刻意遵循"顺自然而行"，

图 4 - 7　贵州施洞银衣片
郑泓灏摄

但大多顺应了美观悦目的审美习惯，其纹饰也是取材于自然生态中吉祥美好之物。可以说此类银衣纹饰的刻画已超越了单纯的意象创造，是按照自由主观的愿望，把形象塑造得更趋和谐性和理想化。

凯里凯棠银衣装饰则有着与其他地区不一样的风格（见图 4 - 8），背部的中心为第一圈，缝缀两个大的半圆银牌，拼接成一个正圆形，正圆形图案为铜鼓花纹或太阳纹；围绕大圆牌的第二圈为 10 块梯形银片，图案分别为花草、龙、蝴蝶或鸟雀梅枝、人骑龙等，衣服上边错落排列两个大点的圆形银片和两个小点的银片，其间穿

---

① 根据贵州省黔东南施洞镇塘龙村银匠吴国荣、2012 年国家级第四批苗族银饰锻制技艺非物质文化遗产传承人吴水根和芳寨民间工艺美术大师刘永贵的叙述整理。

图 4 - 8　凯里凯棠银衣　　　选自宛志贤《苗族银饰》

插银泡进行分割，图案则是龙、凤、鸟、蝴蝶的抽象符号。衣服下边错落排列 8 块银片；第三圈是 4 块小点的银片，图案写实居多，有花草纹和动物纹饰，两边还有两个三角形衣角片，最下面衣摆边是 14 块下坠喇叭的铃铛衣角片，总体装饰风格是围绕圆牌中心向四周呈辐射状铺满整个背部。前面衣服里层和外层一样，分别为大圆片 4 块、中圆片 6 块、小圆片 2 块，衣角边为鲤鱼形三角片两块。另外，衣肩两边共 8 个银泡，衣袖共 12 个银泡；后衣领为 8 个银泡。其装饰风格很灵活，即哪里有空就补充在哪里，总体来说银片个数加起来应为单数，以便能够高低错落地发展下去。这种自由直观性的装饰手法不仅有突出视觉中心的功能，而且巧妙地运用放射状排列把所要表现的自然物象加以抽象化变形处理，着重刻画了动植物的精神，其图案创作中虽顺应自然之势，但又不受自然形态拘束，其中神性变幻的图腾图案就让人感觉到艺术创造思维的自由轻灵、主题的突出和浓厚的装饰意味（见图 4 - 9）。

　　苗族银衣的装饰习俗，已由最初的实用功利目的转化为重要的审美习惯，而且还在不断发展变化甚至扩充。由于正面品评别人的

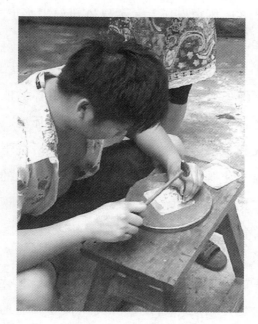

图 4 - 9　吴国荣正在錾刻银衣片　　郑泓灏摄

穿着有失文雅和礼貌，所以苗族普遍喜欢将银饰装点在衣侧及身后，从而博得别人从身边及身后的欣赏和评论。银衣的装饰经过苗族人民审美习俗的筛选、改造、提高，已经变成苗族姑娘最能展现美的媒介，无论是哪个地域的苗族支系，其身体的装饰都表现出或自由随性，或稚拙单纯，或繁缛精细的整体风格。

三　当代文化语境下的苗族银衣保护

当今，虽然国际的对话与协商已成为国家与民族发展的基础，但全球化并不意味着全球趋同。对于文化来说，它既具有民族性又具有时代性，不同的民族在不同的生活环境中形成各种风格的文化类型，而同一民族也会因为生活环境的变迁和文化自身的运动规律在不同历史阶段呈现各异的形态，因而在当代文化语境下就出现了文化本土化与文化全球化、文化多元化与文化一元化的碰撞。当代文化语境下的经济形势和生活方式虽然给我们带来更为便捷的生产、交通和物质文化，并且这些都在很大程度上提高了人们的整体生活水平和文化水平，但这并不代表民族文化就因此退出历史的舞台，民族文化作为理性的人类创造，与人类主观精神的能动作用有着密切的关系，它是各民族在不断适应和改造社会环境、适应自然环境过程中逐渐形成和发展起来的。面临当代文化语境下经济、文化的快速发展，民族文化既要积极参与其中，防止文化的保守主义，也要预防本民族文化的同化和流失，必须实现既接纳现代文化又保持民族性的文化整合，保留和维护自己独具特色的文化。

苗族银衣极具个性色彩，区别于其他各个民族的活态文化，而当代文化语境下的人们也越来越意识到本土民族文化传统的重要性和主导性，同时也开始思考越是经济文化快速发展的当下越是要保留民族文化的多样性和丰富性，而不能一味地顺应全球的文化一体化，苗族银衣装饰具有深厚民族基因和历史文化积淀。让它活在当下，活在民间，从而实现苗族银衣片装饰和图案创作的民族文化还原，意义重大。而要实现苗族银衣装饰的个性化、民族化就要结合特定地域的文化习俗和文化氛围，文化生态保护基地的建设必然能给银衣穿戴习俗提供一个很好的展示和发展平台。

首先，文化生态基地的保护具有一种自然而然的传承性，是个体之间"口传心授"的自觉行为，它能使苗族认知和审美的民族性复活，其技艺传承和穿戴习俗重点都放在以人为载体的知识和技能传承上，不至于将苗族银衣装饰演化为僵化的标本，从而失去本地域的文化特色。当然，这种看似自然的传承方式在生态基地范围内也将受到社会经济、个体变迁的影响，因此生态基地的建设与保护内容又是广泛而相互结合的，民风民俗、手工技艺、民间节日、文化认知等都是承载苗族银衣文化的主流媒介，同时又需要社会干预性力量的支持和保障，让银饰锻制技艺和银衣穿戴作为某种"活"的展示风行于民间，继而保护传承苗族身体装饰文化习俗的银匠。

其次，苗族的美学思想只有在苗族特有的生活环境中才能得以充分发挥。由于生活习俗的差异，汉族对苗族文化的理解必然带有某种主观性色彩和猎奇心理，因而会或多或少地过滤或曲解苗族文化中的精神实质，特别是一些旅游开发区的苗族村寨，银衣的穿着越来越注重视觉效果，从而忽略了民族传统文化。加上现代经济和文化全球化的高速发展，苗族银衣的使用和生存空间必将日趋减少。对此，为了稳固苗族传统文化的根基，建立苗族文化生态保护基地是非常重要的，就是要通过该载体保持住苗族民间文化生存空间的完整性和原生态，将苗族银饰锻制技艺通过原生态的形式再现，让人们感受到原汁原味的苗族佩饰文化，让这些带有古时记忆的穿戴习俗和锻制技艺在特定区域内"复活"，将传承保护、传人保护结合起来，从而实现苗族银饰制作技艺传承发展中的纯洁性、稳定性，避免杀鸡取卵式的过度开发和追求利润，真正实现苗族银饰文化的健康发展与合理更新。[①]

第三节　苗族银饰文化产业与生态旅游
发展的传承与发展

苗族银饰业是民族文化产业的重要组成部分，同时也逐渐成为少数民族发展文化生态旅游的一大重点产业，随着当下全球旅游业的快速发展，人们对旅游过程中的区域文化体验和民族审美文化要

---

① 田爱华、郑泓灏：《视觉传播与文化产业》，吉林美术出版社，2017，第78~85页。

求越来越高，与苗族银饰展示、竞技、表演相关的文化旅游以其独特性、神秘性、原生性较好地迎合了游客的这一要求。目前，国内市场对民族文化旅游的需求逐步增强，国际旅游市场大趋势也使文化旅游产业规模每年以 10% ~20% 的速度扩大，很多游客都把"与当地人交往，了解当地文化和生活方式"作为旅游的主要目的。据统计，全世界有 65% 的人更愿意文化旅游。基于这样的国际大形势，我们国家也提出"大力发展文化产业"的口号，并且将"文化旅游、和谐共赢"作为中国文化旅游的主题，这些有力举措无疑给苗族银饰文化产业和民族文化旅游产业的融合发展提出了要求，也带来了机会，苗族银饰在苗族文化旅游业中具有最直接的民族审美性特征，必然成为民族文化旅游的先导并成为支柱性优势产业。① 所以，发展与苗族银饰文化相关的生态旅游的意义是重大的。

苗族银饰最为集中的湘西土家族苗族自治州和黔东南苗族侗族自治州地处武陵山片区和云贵高原向湘桂丘陵盆地的过渡地带，是一个以汉族、土家族、苗族、侗族为主的多民族集聚区，自古就是中国各民族南来北往的必经之地，是全国有名的革命老区、民族地区和贫困地区。该地区虽然经济落后，但旅游资源非常丰富，旅游产业已成为其重要的支柱性产业，特别是以吉首、铜仁为中心的东部苗族文化旅游地带和以凯里为中心的中部苗族文化旅游地带，都具有个性鲜明的民族地域文化特色。而苗族银饰早在 2006 年就已被列入第一批非物质文化遗产名录，这也让苗族银饰的艺术生命力得以延续，从而实现苗族银饰文化和生态旅游业的共同发展。文化生态旅游与苗族银饰文化的有效结合不仅可以推动和促进苗族银饰的创新发展，同时也能将银饰艺术的设计元素与传播方式加以扩大和

---

① 王兆峰、张海燕：《旅游产业前沿问题研究》，西南交通大学出版社，2013，第 60 页。

改变，实现苗族银饰的动态保护和良好传承。很多苗族集中的地区都纷纷借助旅游，将银饰展演同苗族的诸多重大节日结合在一起，苗族银饰通过这样的方式得到完美的呈现，而游客也从中亲身体验到了苗族的这种异质文化形态。正是因为旅游的介入，苗族银饰得以升华为高雅而令人难忘的旅游文化，而与苗族妇女日常生活息息相关的银饰也从平日生活的必备品成为展示民族形象的特殊象征，银饰艺术从以前的"悦己"向"娱人"转化。时下，在苗族的各种节日里，银饰都起到了非常重要的作用，它的普及和群体认同不仅体现了银饰的现代文化价值，同时也增加了苗族民众的经济收入和银匠的创作积极性，苗族银饰文化产业必将成为重要民族文化产业。目前，湖南凤凰的苗族银饰工艺品市场异常繁荣，古城区内汇集了来自全国各地的银匠艺人，苗族银饰已经成为各类旅游商品中销售最好的商品，湘西已经建立了一个以凤凰为龙头带动湘西州旅游业发展的旅游带。苗族银饰与湘西的旅游业在经济文化的互动发展中实现了双赢。位于贵州雷山的西江千户苗寨也是依托民俗文化旅游的资源优势，走出了一条影响度、知名度和美誉度不断上升的路子，仅 2014 年，其民俗文化旅游的综合收入就达到了 23.05 亿元，同比增长了 41.1%。① 其中银饰销售达到相当规模，在雷山，截至 2012年，从事苗族银饰加工的已达到 1800 余人，年产量达 50 万件，年产值 8000 万元，年销售额 6000 多万元。② 从现实意义上考虑，苗族银饰在蓬勃发展的旅游文化中有针对性地构成了游客认知苗族文化体系的关键环节。在全球化浪潮冲击下，各民族更应保护本民族特

---

① 张遵东、周楠楠、文冠超：《西江苗寨民俗旅游开发思考》，《理论与当代》2015 年第 10期，第 31 页。

② 李守都：《关于雷山县苗族银饰产业的发展现状及对策研究》，《现代交际》2014 年第 8期，第 115 页。

色，苗族银饰制作工艺的继承与创新、保护与发展都将成为我们延续民族传统、拓宽审美视野的关键。人们在现代化快节奏的生活中压力越是增大，就越渴望拥有苗族银饰审美文化中所表现的那种恬淡、宁静和美好，苗族银饰文化旅游的适度开发从某种意义上讲也是合理利用民族文化安全性的有力举措，对苗族文化的创新和保护，选准其创新发展的"切入点"，运用与苗族文化的核心理念具有较高契合度的、合理的"创新模式"如"植入式"（嵌入式）、"牵引式"（引导式）和"整合式"（改编提升式）等推动苗族文化传承创新和发掘至关重要，这对促进苗族文化大发展、大繁荣，对维护民族文化主权、尊重文化规律都将具有十分重大的现实意义和深远的历史意义。①

　　苗族银饰文化产业的发展不仅可以促进民族生态文化旅游圈的完善和发展，同时也能促进民族旅游资源的开发、旅游市场的拓展、旅游产品的策划、旅游形象的塑造，能够增强苗族银饰文化与其他民族文化之间的协调性和整体性。从长远看，生态文化旅游圈融入西南少数民族经济协作区发展既有利于苗族银饰传承与发展，又有利于区域经济发展和生态旅游发展。首先，这两大经济的协同发展将畅通鄂西、渝黔、桂北地区整体经济发展的融合通道。其次，苗族集聚的贵州、湖南两地也是旅游经济发展最为成熟的地区，可有效地将这两个地区的生态旅游文化联系起来并积极融入西部大开发的经济协作区，有利于进一步增进少数民族经济发展的活力，缩小地区发展差距，实现各经济区之间的优势互补，共同发展。最后，实现民族旅游文化的发展将有利于构建少数民族扶贫开发机制，有的放矢，扬长避短，有机会、有目的地探索少数民族区域发展和扶

　　① 颜勇、雷秀武：《"非线性发展"状态下民族文化传承与文化安全问题研究——以贵州苗族文化为例》，贵州教育出版社，2012，第213页。

贫攻坚新机制、新体制、新模式，从而实现湘、黔生态文化旅游圈与其他地区的经济协作区交通、旅游等方面的对接与合作，促进武陵山片区与云贵高原、湘桂走廊对内协作与对外开放再上新台阶；有利于构建区域旅游一体化体制机制，初步形成以旅游业协作发展和基本公共服务共建共享为基础的区域经济一体化发展格局，从而推动少数民族地区社会经济统筹和扶贫攻坚的深入开展，并且开创民族区域经济合作与发展的新局面。①

第四节　苗族东部方言区银饰文化产业创新发展研究

一　该项目研究的目的和意义

（一）研究目的

第一，通过对苗族东部方言区银饰审美进行深入解读，达到正确理解银饰文化和保护苗族银饰原真性的目的，同时达到开拓审美视野，产生新分支，增加新内容，促进民族艺术繁荣发展的目的。

第二，本着对保护苗族东部方言区银饰发展的尝试，研究如何以现代文化机制包装银饰产业，目的在于在保护的基础上形成银饰产业链，发展完善文化新机制。

（二）研究意义

第一，苗族东部方言区银饰具有个性化、本土化以及典型性特点，为丰富少数民族审美文化资源和文化类型，苗族银饰也急需系统的美学研究来传承和发展这一非遗文化。

---

① 田爱华、郑泓灏：《视觉传播与文化产业》，吉林美术出版社，2017，第 158～161 页。

第二，研究"西部大开发"进程的加快对苗族东部方言区银饰发展所提供的政策保护和技术支持，以及它为民族文化的优化和知识的创新创造的极大可能性，从而论述对实现民族文化生态旅游的可持续性发展所具有的特殊历史使命和意义。

二 研究方法与步骤

本课题从少数民族文化产业及苗族银饰艺术的传承发展出发，以苗族东部方言区银饰艺术所反映和折射出的文化背景、生活习俗、信仰观念、民族崇拜、价值尺度为视角，研究苗族东部方言区银饰的文化形态对银饰艺术保存、传承和创新的价值与意义，阐明银饰艺术如何在适应现代新型经济形态的可持续发展中促使多民族文化的融合和发展。研究从以下六个方面进行。

第一，文献鉴别法。提炼银饰材质、形态及艺术特点，在民族博物馆和档案馆收集有关苗族的历史、人文、地理、服饰等民俗方面的第一手资料。对苗族银饰的产生与发展进行历史性调查。

第二，田野考察法。运用分析体验及民间采风调查等形式在苗乡进行问卷调查，分析界定苗族东部方言区银饰的造型形式与各种文化内涵之间的联系并推论苗族如何以银饰艺术为契机来发展本民族的文化产业形态。

第三，数据分析法。根据苗族东部方言区市场调查数据，对不同款式、质地、档次、需求进行量化分析，并有针对性地设计银饰产品。

第四，叙事研究法与实证研究法相结合。进行市场调查及区域考察，分析高、中档旅游银饰品及馈赠、收藏银饰品生产及营销策略，分析苗族东部方言区银饰市场的经营规律。

第五，产业链基本理论分析法。探讨苗族东部方言区银饰以家庭生产为单位或以传习所为创意发展平台来开发银饰文化产业的形态。

第六，访谈调研法。通过对相关苗族工作人员、专家学者的访谈，以及对相关苗族银匠的通信访谈，了解苗族银饰文化内涵与产业发展状况，以及银饰制作工艺在学校的教育传承情况。

三　研究成果的主要内容、重要观点和对策建议

（一）研究的主要内容

研究本课题，主要从苗族在文化交流过程中经过接触、混杂、分裂、融合，按照人类造物的需要，通过群体审美观念的规范，逐渐形成了自己鲜明民族审美个性出发展开研究。银饰的沿用与传承作为民族文化的物化形式，一方面它自始至终受到现实社会的审美、经济、文化的影响，另一方面它又具有明显的社会功利性，是人类物质与精神文明的集中体现。

1. 苗族东部方言区银饰的产业化发展关系民族文化竞争力的提升

针对苗族银饰产业化需求，课题组分别做银饰低端、中端和高端三级市场的调查，考察市场环境并对相关数据量化分析，在创意实践中将手工精做、独创性设计、市场规律作为银饰文化创意的关键，以苗族的历史文化属性为切入点进行包装运作，从而更好地突出苗族银饰的优势。笔者通过实地调研发现，近年来由于旅游业兴起，为了满足不同人群的需要，苗族银匠不仅生产出面向旅游中高端消费市场的银酒具、银茶具、银餐具、银烟具、银首饰盒等具有实用价值的工艺品，而且还面向农村低收入苗族家庭，利用其他金属（如锌白铜等）加工出专门供应旅游市场的大量价廉物美的商品。

2. 从苗族银饰的工艺特点、形式演变到造物观念，研究产业文化潜在市场需求等问题

考察种类单一、朴素的银饰及其与群体的依存关系是如何建构产业价值与意义的，尤其关注历史源流、人文意向、地域观念对苗

族银饰产品设计的影响。同时，通过对不同的苗族银饰文化研究了解民族传统工艺文化在学校的传承。吉首施家科一直打纯银，在民间口碑很好，其产品受到大家青睐。而大多数苗族银匠与施师傅一样都有相同的行业品质，并具有自己固定的销售市场。

3. 东部方言区银饰的品牌效应能增强竞争意识，促进苗族地区银饰市场的良性发展

针对各地域苗族银饰产品的销售方式、销售渠道单一这一问题，研究政府对银饰的品牌打造、宣传策划及探讨如何运用新的传播营销模式和传播载体，将其他地区文化资源与本地区原有的节庆、会展、旅游和演艺等相结合，在营销和传播上注重多种资源的融合开发，从而实施品牌营销策略。

4. 销售方式调查研究

目前，苗族银饰文化产业大多以苗族银饰非遗传承人牵头，有只销售自己打制的纯银银饰的，如麻茂庭师傅；有销售家族做的纯银银饰产品，如龙先虎银匠世家；有以苗银为主进行家庭生产与销售，如龙炳周家；有兼做纯银与苗银，如松桃小十字街个体银饰商店；有自己提炼银子打制银饰的，如盘信镇龙六昌银饰店。既有以家族传承为主，在不同村寨不同时间的赶集中就近销售，也有以固定店面销售银饰产品，如施洞镇芳寨村银匠刘永贵。有以师徒授艺的方式进行生产销售，他们往往有自己的门面经营销售，如松桃银匠龙根主；有在县城开银饰专卖店的，如台江银匠吴国祥；有商业经营者开设的面向游客消费的银饰专卖店，如凤凰县苗族银饰锻制技艺传习所等等，还有其他的各种苗族银饰经营方式。

5. 将苗族东部方言区银饰制作展演与旅游经济结合起来能够很好地实现银饰的价值提升

针对旅游市场银饰鱼龙混杂的现象，考察银饰的流通情况，通过发展旅游将苗族银饰中的艺术元素与现代社会需求巧妙结合，隆重推出文化创意与经济创意，使其构成吸引游客视线的卖点，由此成为当地的文化象征。重点阐述银饰艺术对少数民族文化产业发展的重要作用和对实现民族文化生态旅游可持续发展战略的特殊使命和意义。

6. 弥补前人研究的不足

以往研究成果虽然也涉及以上内容，但存在一定的局限。一是重源而轻流，先验地认为苗族银饰发展是苗族在迁徙过程中财随人走的具体表现，而对其在历史发展过程中由于社会变动、文化交流的作用，其表现形式、内涵、特征、功能等方面发生变化的内在逻辑缺乏应有关注和历史性追问。或虽有过探讨，但未从苗族的人文环境和风俗习性出发，对其审美符号的变化及其原因没给予足够关注和充分认识。二是重苗族银饰传统功能的价值研究，而轻其当代性价值判断。苗族银饰艺术对苗族的社会构建到底产生哪些影响，以及苗族社会风俗习性与旅游经济、产业发展和外来文化的关系、传承保护等方面的研究至今缺乏深度。本课题对前人研究内容做了以下回应。

（1）在田野调研的基础上，运用史料追踪苗族银饰的历史流变，对其产生、发展做历史性的考证。在广泛调查苗族东部方言区银饰分布面的基础上，笔者选取了几十位在这一行业比较突出的银匠，对其锻制技艺、传承情况、活动范围、创作形式、生存境遇等多方面做了访谈，并为他们分别写了口述史传记。以比较分析和个案分析为视角，理清了苗族银饰在苗文化中的真正内容和特殊含义。同时将苗族银饰艺术放在现代文化观念中来审视其价值，阐述了它是具有独特美学范畴和形态意义的民族文化的核心，凸显了其传统中开放性、消费性、时尚性的现代文化意义。

（2）课题组以产业文化与文化互动为视角，阐述苗族东部方言区银饰的文化产业创意与开发是民间艺术自身运动变化和市场环境下理念、生产、传播、销售的连锁反应。树立苗族东部方言区银饰产业优势要从保护苗族银饰生存环境及民众的价值取向入手的理念。

（3）课题组还注意到苗汉文化交流中的经济、文化以及价值观念互相融通的互动关系，将苗汉文化的互动交融、经济发展和地域开发相互结合，阐述苗族银饰的嬗变是苗族寻求和界定本族文化发展空间、强化民族自觉的过程，它是苗族主体形象的全面塑造。

（二）重要观点

第一，面临日新月异的现代文化，苗族东部方言区的银饰艺术体现了本民族独特的文化精神内涵，具有文化特性和社会特性双重属性，也是中华民族文化的有机组成部分，是"口头与非物质文化遗产"的重要艺术形式，为民族文化的优化和文化产业的开发创造了极大的可能性。

第二，分布在东部方言区的苗族在长期迁徙与征战中形成了聚银为富、戴银为美的特殊观念，同时在与其他民族的杂居中通过群体审美观念的选择，逐渐形成了区别于其他民族及苗族中部方言区与西部方言区的独具个性的形象的表现形式。

第三，苗族东部方言区银饰与文化、经济、旅游紧密关联银饰锻制技艺作为非物质文化遗产的国家认同具有不可忽视的作用。其历史演变中形成的重女轻男的文化形态，穿戴形式中重头轻脚的美学特点，艺术格局中重自我、重感情、重自然的造物观念，对金属银单纯性、唯一性的理性选择，使苗族银饰的审美具有深远的发展意义和独立的存在价值。

第四，苗族东部方言区银饰具有文化特性和社会特性双重属性，所以其银饰艺术是苗汉思想文化、意识形态的共同结晶。它不仅凸显了苗族的民族精神，同时也反映出苗族吸收汉文化的主观心理因素及苗汉文化的互为影响和包含，这是确保少数民族传统文化产业保护及传承的有效途径。

（三）对策建议

第一，严格界定各地苗族东部方言区银饰审美文化的范域，特别是民族文化旅游地区，更要以推广具有该地文化特色的苗族银饰为己任，禁止混淆不清、以次充好和哗众取宠的功利行为。必须立足本地，打造一个有文化底蕴、有审美品位、有地域特色的标志性品牌，赢得世人的认可。

第二，加大市场营销力度，改进传承模式，不同地域还需建立苗族东部方言区银饰传习馆来扩大苗族银饰的传承范围并形成完善的传承制度，传习馆不仅肩负传承职责，还要进行银饰文化品牌打造、艺术价值研发、网络市场销售、私人定制设计等工作。

第三，改善从业人员境遇，打造并建立苗族东部方言区银饰文化村，政府职能部门必须主动扶持并保护苗族银饰的生存土壤，定期举办银饰锻制技艺比武大赛，保持住银饰创作的"原生性"和核心锻制技艺，利用激励机制促进苗族银饰的传承发展。

第四，苗族东部方言区银饰产业长期以来一直处于单打独斗的传统个体发展状态，且产量偏低、市场混乱、鱼龙混杂的现象较为严重，无法满足苗族聚集区人民对银饰的需求，同时更是面临工艺传承的困境。因此，对它实施全方位的、有效的保护不仅能保持住优秀民族文化的持久性，而且将其发展成产业并将二者有机结合也能达到双赢的目的，从而更好地实现苗族东部方言区银饰文化的更新与发展。

四 研究结论

第一，分布于湘西少数民族地区的苗族银饰具有鲜明的地域文化特色，其产业是在长期的历史变迁和民间集市、苗族婚丧嫁娶中形成的，而且苗族银饰逐渐与其他民族银饰相融合，并且广为其他民族所喜爱，其丰富的银饰文化内涵是民族工艺文化得以发展的重要原因。从苗族银饰这一民族文化形态出发，要实现少数民族文化资源到文化产业的转化，必须经过创意的提升和技术的实现这两大过程，因此建构少数民族文化中民族文化资源的符号表达体系，不仅关系文化资本的集聚，还关系中华民族文化软实力的核心竞争力。

第二，以苗族银饰的历史源流及发展状况为契机，挖掘苗族银饰审美的历史沿革及审美本质，民族银饰的相关记载首次出现于明代郭子章《黔记》，明代的贵州民族银饰分离出头饰和身饰两大类别，而且出现了以"银环饰耳"作为"未娶者"的标志。也正是这种区分婚否的标志作用产生，标志着苗族银饰已经具备了最初的习俗功能。在清代史籍中，有关银饰的记载明显多于前代，并且在种类和数量上不断增多，这种追求佩戴数量的心理，不仅延续至今，还影响着当代苗族银饰的佩戴风格，更直接影响了银饰的造型和款式。当代流行的数圈甚至数十圈为一套的银项圈，正是这种心理的物化反映。银饰在这一时期开始渗入各族的婚恋生活，银饰的审美功能进一步得到强化。

第三，从苗族与其他少数民族杂居生活的情况入手，分析苗族银饰审美多元化的特征，不同民族文化元素相互渗透、相互吸纳，形成了各地苗族在同一地域文化表象的共性与个性差异，反映在银饰上也是如此。同一地域银饰的民族性差异并不很大，而同一民族银饰的地域性差异却极为显著。因此，苗族银饰除了自身品种极为丰富外还几乎荟萃了西南地区各民族银饰所有的造型及纹样。也就是说，其他民族的银饰文化元素大多存在于苗族银饰文化元素中，而苗族的一些银饰在其他民族的银饰中少有或没有。苗族作为饰银大族，饰银之风远非其他民族可比，论及银饰种类和式样，其他任何单一的民族都难望其项背。

第四，从苗族银饰的创新和现代性表现加以分析，银饰的民族化过程同时也是一个创新的过程。对苗族银饰而言，群体的需要是其艺术创作的准则和动力，群体的认可是其发生发展的基础。从理论上说，苗族银饰的创新在最初阶段就开始了，但严格来说，这种创新的全面推动应该是从苗族内部出现第一批本民族自己的银匠开始的，于是民族审美定式在这一过程中开始并起到决定性作用，任何细微的变化都必须服从于此，不得跨越。苗族银饰的纹样和造型，最初受到汉文化影响最大，但之后，在其银饰的民族化过程中，不可避免地嵌入了一个对外来文化不断加深认识和理解的过程。如何站在民族文化的立场上，保留那些可以融入本民族社会生活的东西，扬弃那些同本民族社会生活毫不相关的文化元素，正是银饰进入本民族文化社会的必经阶段。这个取舍过程应该是从银饰进入即开始，并伴随着银饰的不断创新而将始终持续着。

五　成果的社会价值、学术价值、应用价值

（一）成果的社会价值

通过在民间调研，笔者发现在苗族聚居区，苗族银饰的需求潜力很大，而旅游市场的银饰需求相对饱和，如何解决这一问题，本研究提出通过提供高品位的银饰产品供给弥补需求的不足。凤凰县苗族银饰锻制技艺传习所通过打造知名品牌，提高产品质量与款式，在旅游消费者心中树立了良好品牌形象，再加上做工精细，银饰产

品开发融合苗汉银饰优势，使来自东部地区的游客对传习所的产品非常喜爱，这说明其优质的苗族银饰产品刺激了新的需求。

东西部产业文化帮扶、优势互补，促进西部地区苗族银饰开发及美学体系的建立，创新非遗传承之路。通过东部高校助力西部地区苗族银饰文化建设与开发，将非遗传承人引入高校，利用东部地区的资金优势、技术优势、生源优势、市场潜力，使苗族银饰非物质文化遗产传承后继有人，在民族文化基础上，瞄准新兴市场、不断研发新产品，带动苗族银饰的创新发展。

（二）成果的学术价值

第一，本课题以银饰艺术形态为指导思想探讨苗族东部方言区银饰产业价值，深入分析美学价值与文化导向，更好地了解苗族人民特有的人生观、价值观和审美观，凸显苗文化之于意识形态建设的特殊意义，进一步展示银饰艺术的丰富性、复杂性与系统性。

第二，系统研究了苗族东部方言区银饰美学价值对传承发展中华民族文化的重要作用，揭示银饰艺术可持续发展及开放、多元美学意识建构的价值与意义。

第三，研究民族融合所形成的新的美学观念对苗汉文化的深远影响和促进民族关系发展的作用，阐述苗族东部方言区银饰的生态文化产业发展和银饰艺术美学价值的现代取向。

（三）成果的应用价值

第一，研究苗族东部方言区银饰文化为适应新的经济形势并与国际文化接轨，以学术史为视角，揭示苗文化及在旅游经济和承担中华文化交融与可持续发展中出现的新情况、新问题、新趋势，为进一步研究少数民族地区文化产业发展与创新提供学理依据。

第二，研究促进苗族东部方言区银饰产业与旅游业相结合，苗族银饰所具有的欣赏性、装饰性、趣味性、实用性特点以及其特有的收藏和赠送价值，不仅深受人们喜爱，而且成为当地重要的收入来源。研究其审美文化，廓清苗族银饰的艺术特色和美学价值，以此正本清源，保持住苗族银饰锻制的核心技艺，从而让这一非物质文化遗产得到更好的传承与保护。

六　成熟及难易程度

（一）成熟程度

本研究历时近 5 年，在研究前期，以理论为先导，对以往学术成果进行科学梳理和总结，召开课题组学术会议，确定资料收集和整理的方式方法，确保资料准确充实、研究方法科学得当。在项目研究过程中，课题组经常请教该方面专家学者以及工作人员，力争在课题文章撰写过程中做到概念明确、逻辑严密；课题组成员每学期都外出调研考察，每次外出都在 10 天以上，至少要跑 3 个县（区、市）的各级乡（镇）和村寨，从田野调查中获得珍贵的第一手资料，从而确保了研究报告撰写中的引证规范。所有引用资料、观点来源明确，保持了学术的严谨性，主要资料和数据准确充实，论证清楚，具有较好的适用性和可操作性。

（二）难易程度

由于东部方言区苗族地域分布广泛，且都分布在崇山峻岭之中，使田野作业存在一定难度。文化产业是一个应用型的学科，而苗族银饰又是很具体的实物，如何将晦涩的审美理论与质朴的民间艺术相结合也存在很大的难度。加之苗族没有文字，因而没有银饰美学方面的文字介绍，文献参考有限，问题十分复杂。除此之外，黔东南和湘西苗族银饰流行地区往往图案风格和样式更新很快，因而图片资料的搜集与数据处理难度较大，这些都加大本项目研究的难度。

七　社会影响和效益

本项目的研究成果在民族文化产业领域中具有一定的探索性，在非物质文化遗产传承与发展领域展示了民族文化与产业创意发展的特点和趋势，得到该领域专家学者的认可与肯定，他们认为本项目研究民族艺术在新的审美语境下所形成的新的价值观念，对民族经济发展具有很大的促进作用。

参考文献

A. R. Burns, *Money and Monetary Policy in Early Time* (London: Routledge, 1998).

Nicholas Tapp, Don Cohn, Frances Wood, *The Tribal Peoples of Southwest China: Chinese Views of the Other Within* (Bangkok: White Lotus Press. 2003).

戴荭、杨光宾：《苗族银饰》，中国轻工业出版社，2016。

戴建伟：《银图腾：解读苗族银饰的神奇密码》，贵州人民出版社，2011。

都匀民族事务委员会：《都匀民族志》，内部资料。

何圣伦：《苗族审美意识研究》，人民出版社，2016。

李连利：《白银帝国——翻翻明朝的老账》，华中科技大学出版社，2012。

李黔滨：《苗族银饰》，文物出版社，2011。

李黔滨：《中国贵州民族民间美术全集·银饰》，贵州人民出版社，2007。

梁一儒、宫承波：《民族审美心理学》，中央民族大学出版社，2003。

凌纯声、芮逸夫：《湘西苗族调查报告》，贵州民族出版社，1998。

刘昂：《民间艺术产业开发研究》，首都经济贸易大学出版社，2012。

陆群：《湘西原始宗教仪式中的艺术形态》，民族出版社，2012。

鸟居龙藏：《苗族调查报告》，国立编译馆译，贵州大学出版社，2009。

石启贵：《民国时期湘西苗族调查实录》，民族出版社，2009。

石启贵：《湘西苗族实地调查报告》，湖南人民出版社，1986。

田爱华：《湘西苗族银饰审美文化研究》，华南理工大学出版社，2015。

田爱华、郑泓灏：《视觉传播与文化产业》，吉林美术出版社，2017。

田特平、田茂军、陈启贵、石群勇：《湘西苗族银饰锻制技艺》，湖南师范大学出版社，2010。

宛志贤：《苗族银饰》，贵州民族出版社，2004。

王兆峰、张海燕：《旅游产业前沿问题研究》，西南交通大学出版社，2013。

吴荣臻：《苗族通史》，民族出版社，2008。

吴正彪、吴进华：《黔南苗族》，中国文化出版社，2009。

肖丰、陈晓娟、李会：《民间美术与文化创意产业》，华中师范大学出版社，2012。

杨昌国：《符号与象征——中国少数民族服饰文化》，中央文献出版社，2007。

杨昌国：《苗族银饰的人类学探索》，中央文献出版社，2007。

杨文章、杨文斌、龙鼎天：《中国苗族银匠村——控拜》，内部资料。

张廷兴等：《中国文化产业概论》，中国广播电视出版社，2009。

张晓：《世界苗学研究的时代烙印》，《中国社会科学报》2018年4月3日。

郑泓灏：《白银文化的变革与苗族银饰的产生及发展》，《大众文艺》2016年第17期。

附　录

ICS 97.195

Y 85

DB52

贵州省地方标准

DB 52/T 760—2012

地理标志产品　黔东南苗族银饰

Product of geographical indication—Qiandongnan Miao silverware

2012 – 09 – 18 发布 　　　　　　　　　　　2012 – 09 – 18 实施

贵州省质量技术监督局　发布

目　次

前　言

本标准按照 GB/T 1.1 – 2009《标准化工作导则　第 1 部分：标准的结构和编写》给出的规则起草。

请注意本文的某些内容可能涉及专利。本文件的发布机构不承担识别这些专利的责任。

本标准由黔东南州质量技术监督局提出并归口。

本标准起草单位：黔东南州质量技术监督局、黔东南州质量技术监督检测所、黔东南州质量技术协会、黔东南苗乡侗寨文化传播有限公司、黔东南苗妹银饰有限公司、贵州印象苗族银饰刺绣公司、凯里学院、雷山县质量技术监督局、台江县质量技术监督局。

本标准主要起草人：雷秀武、杨文斌、曾样慧、杨勇、李穗渝、熊建军、程红、邹大维、罗善辉、欧阳珍珍、张志林、肖绍菊、杨秀开、袁军。

地理标志产品 黔东南苗族银饰

1 范围

本标准规定了黔东南苗族银饰的术语和定义，地理标志产品保护范围，品种和零部件分类，命名规则，生产要求，产品质量要求，试验方法，检验规则，标志、包装、运输、贮存。

本标准适用于黔东南苗族银饰产品。

2 规范性引用文件

下列文件对于本文件的应用是必不可少的。凡是注日期的引用文件，仅所注日期的版本适用于本文件。凡是不注日期的引用文件，其最新版本（包括所有的修改单）适用于本文件。

GB/T 191 包装储运图示标志

GB 3101 有关量、单位和符号的一般原则

GB 8978 污水综合排放标准

GB 11887 首饰 贵金属饰纯度的规定及命名方法（GB 11887-2008，ISO 9202：1991，Jewellery-Fineness of precious metal alloys，MOD）

GB/T 11888 首饰指环尺寸的定义、测量和命名（GB 11888 – 2001，ISO 8653：1986，EQV）

GB/T 14459 贵金属首饰计数抽样检查规则

GB/T 16552 珠宝玉石 名称

GB/T 16553 珠宝玉石 鉴定

GB/T 16554 钻石分级

GB/T 18303 钻石色级目视评价方法

GB/T 18781 珍珠分级

QB/T 1689 贵金属饰品术语

QB/T 1690 贵金属饰品质量测量允差的规定

3 术语和定义

下列术语和定义适用于本标准。

3.1 黔东南苗族银饰

黔东南行政辖区内使用银、银合金为主要生产原料，采用苗族传统造型文化理念设计，或运用苗族传统制作工艺生产的首饰和摆件（以下简称饰品）。

4 地理标志产品保护范围

黔东南苗族银饰地理标志产品保护范围限于贵州省黔东南苗族侗族自治州现辖行政区域。区城范围见附录 A。

5 品种和零部件分类

5.1 品种

5.1.1 传统品种

5.1.1.1 头饰

头部的饰品。主要有：银角（大银角、小银角）、银帽、银冠、银花、银围额、银簪、银插针、银网链、银梳、银耳环、银耳柱、银耳坠、银童帽帽饰等。

5.1.1.2　胸颈饰

挂在颈部和吊在胸前的饰品。主要有：银项圈（空心、实心、泡花）、银项链、银项牌、银压领、银胸牌、银锁、银胸吊等。

5.1.1.3　手饰

戴在手指或手腕上的饰品。主要有：银手镯、银手钏、银手链、银戒指等。

5.1.1.4　衣饰

缀在衣服上的饰品。主要有：银片、银泡、银扣、银背牌、响铃、银人等。

5.1.1.5　腰饰

腰部佩戴的饰品。主要有：银腰带、银围腰链、银腰吊饰、银牌、响铃等。

5.1.1.6　工艺品

传统工艺摆设品。主要有：银烟盒、银餐具、银酒具、银茶具及银摆件等。

5.1.2　现代品种

分类和定义符合 QB/T 1689 的规定。

5.2　零部件分类

分类和定义符合 QB/T 1689 的规定。

6　命名规则

一般规则：

应按材料纯度＋材料名称＋宝石名称＋传统流传地＋饰品品种的内容命名。

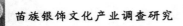

示例 1：

925 银雷山西江大银角。

示例 2：

990 银花＋925 底座黄平谷陇银冠。

示例 3：

925 银红宝石戒指（托架材料纯度为 925，托架材料为银，珠宝玉石为红宝石，饰品品种为戒指）。

7 生产要求

7.1 原料

采用 800 以上纯度（用千分数最小值‰计）银及其合金。

7.2 设计

应运用苗族传统造型文化理念设计造型，或者采用传统工艺进行生产工艺设计。造型应主题突出、立体感强，图案纹样形象自然，布局合理，线条清晰。

7.3 工艺

7.3.1 传统工艺

7.3.1.1 工艺流程

以手工操作为主，机械加工为辅完成，流程见图 1。

7.3.1.2 关键工艺及设备

应符合附录 B 的要求。

7.3.2 现代工艺

完全采用现代机械加工工艺制作完成。

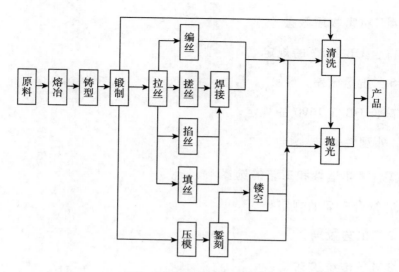

图1 苗族银饰传统工艺流程

7.4 生产过程废水排放

符合 GB 8978 要求。

8 产品质量要求

8.1 内在质量

8.1.1 主体材料

银含量符合 GB 11887 的有关规定，不得有负公差。

8.1.2 配件材料

配件材料的纯度应与主体一致。因强度和弹性的需要，足银、千足银饰品配件的银含量不得低于925%，其余的特殊零部件含银量应不低于80%。

8.1.3 珠宝玉石

符合 GB/T 16553、GB/T 16554 的规定。

8.1.4 有害物质限量

符合 GB 1887 的规定。

8.1.5 质量允差

符合 QB/T 1690 的规定。

8.2 外观性能

8.2.1 整体造型和工艺的选择

应符合 7.2 的规定。

8.2.2 工艺效果

8.2.2.1 传统工艺

符合 7.3.1.2 的要求。

8.2.2.2 镶嵌

宝石镶嵌端正、平服，牢固，定位均匀、对称、合理，无掉石现象。宝石与齿口吻合无缝，边口高矮适当，俯视不露托底。

宝石无破损，烧蓝的色泽协调，厚薄均匀，无崩蓝和惊蓝现象。

有缺陷宝石的镶嵌，应选择择优法、藏劣法和综合法，达到藏脏掩丑的效果，尽显宝石之美。

8.2.3 弹性配件

弹性配件应灵活、有力，装配件应牢固可靠。用于手镯、手链等饰品连接的压舌，其突出部分应不长于 8mm，隐藏部分应不长于 3mm。

8.2.4 附加要求

相关种类还应符合表 1 要求：

表1　相关种类附加要求

序号	种类	要求
1	指环（戒指）	指环圈口周正，活口指环搭口吻合、妥帖。尺寸应符合 GB/T 11888 的要求。
2	耳饰	左右对称。插针类，插针长短一致，夹头稳固。钩类，钩尖略钝。
3	项坠	挂鼻部位适当，重心合适。
4	链	链身基本垂直，链颗大小均匀、活络。搭口大小适当。当生产眼合金链时，宜使用弹簧搭扣。
5	手镯	镯轴平直、圆整，簧口紧密、灵活、开启方便。
6	别针	针脚部位适当，针杆具有韧性、弹性，针尖略钝。
7	挂、摆件	表面无坑洼、变形，内部清洁。

8.3　传统工艺产品等级

分为4个等级，符合附录 C 的规定。

9　试验方法

9.1　内在质量

质量允差的测量按照 QB/T 1690 的规定执行。其余项目按照 GB 11887、GB/T 16552、GB/T 16553、GB/T 16554、GB/T 18303、GB/T 18781 的规定进行。

9.2　外观性能、传统工艺产品等级

可在充足的自然光线或 6000K 色温照明下，以目测和手感评定。肉眼难以观察时可用五倍放大镜。长度测量采用钢直尺或分度值为 0.2mm 的游标卡尺。指环尺寸的测量应符合 CB/T 11888 的规定。8.2.1 项目根据相关专业知识认定。

10 检验规则

10.1 交收检验

10.1.1 产品交货前应进行。产品经交收检验合格后，才能作为合格品交货。

10.1.2 检验内容为 8 章除 8.2.1 以外的所有项目。

10.1.3 单件产品重量小于 2g 的，按照 10% 随机抽样，但是单次不得少于 3 件。单件产品重量大于 2g 的，采取逐件检验。

10.2 型式检验

10.2.1 有下列情况之一时，应进行型式检验：

——新产品或老产品转厂生产的试制定型鉴定；

——正式生产后，如结构、材料、工艺有较大变化，可能影响产品性能时；

——正常生产中定期、定量的准确性考核；

——产品停止生产 2 年以上，恢复生产时；

——出厂检验结果与上次型式检验有较大差异时；

——国家质量监督机构提出型式检验要求时。

10.2.2 检验内容为本标准要求的所有项目。

10.2.3 抽样按照 GB/T 14459 的规定执行。

10.3 判定规则

单件的检验结果符合相应等级的要求时，则判定该饰品为该相应等级合格品，否则为不合格品。内在质量有不合格项目，直接判定该产品不合格。

11　标志、包装、运输、贮存

11.1　标志

11.1.1　印记

11.1.1.1　印记内容包括：材料、纯度，镶钻银首饰要标明主钻石（0.10 克拉以上）的质量，如凯里某厂生产的 925 银镶嵌 0.1 克拉钻石的饰品印记为：925 银 0.1ctD。

11.1.1.2　每件产品应打印记。印记标注准确、清晰，位置适当，还应符合以下要求：

　　——主体和配件应分别打印纯度。

　　——材料纯度用千分数表示，材料名称必须使用中文或中文分别加材料元素符号或英文名称首字母的组合表示。例如：银、Ag 或 S 的组合。例如：银 925、银 Ag925、银 S925。

　　——当采用不同材质或不同纯度的贵金属制作饰品时，材料和纯度应分别表示。

　　——当饰品因过细过小等原因不能打印记时应附有包含印记内容的标签。

　　——质量表示方法应符合 GB 3101 的规定。

11.1.2　标签

11.1.2.1　每件产品应附标签一张。

11.1.2.2　标签中所涉及的珠宝玉石名称与贵金属材料名称应使用中文表示。例如：银 925，或银 Ag925。

11.1.2.3　标签内容应包含地理标志产品专用标志、饰品名称，重量、等级，饰品执行标准编号，生产或经营者名称等内容。

11.1.2.4　标签内容与产品应相符。质量表示方法应符合 GB 3101

的规定。

11.1.2.5　标签应印刷清晰，字体工整，易于保存，不易损坏。

11.2　包装

外包装应用硬质材料，内包装应使用软质材料（或按合同要求执行），防止互相磨擦和氧化。包装标志应符合 GB/T 191 规定。

11.3　运输

运输中须小心轻放，防止重压、碰撞、受潮和腐蚀。

11.4　贮存

饰品应存放在干燥、无腐蚀物（气）的环境中。

附 录 A
（规范性附录）
地理标志产品保护范围

黔东南苗族银饰地理标志产品保护范围见图 A.1。

图 A.1 黔东南苗族银饰地理标志产品保护范围（略）

附 录 B

（规范性附录）

苗族银饰传统产品关键工艺及设备

B. 1　熔冶（huot nix）

使用风箱、吹管（或喷枪）等设备，采取木炭或氧气、液化气、汽油燃烧等的加热的方式，在坩埚进行加热熔化。

B. 2　铸型（liub nix）

用耐火材料或金属以及沙石做成相应性状的凹槽，将熔化的金属液体倒进凹槽进行铸型。铸件应无砂眼，无气泡，表面光滑。

B. 3　錾刻

将材料用松香固定，使用金属刻刀手工刻出凹进或者凸出饰物表面的图纹。应求线条流畅，主次分明，层次清楚，刻线到位。

B. 4　锻制（dangt nix）

用手工或机械锻打出各种形状的胚条（片）。锻件应无裂痕，无锤印，边、角光滑，无毛刺，不扎不刮。

B. 5　拉丝（dliok hxiees）

将经过捶打后的胚条通过直径不等的钢眼反复进行拉拔，拉出各种规格的银丝备材。拉丝出来的备材应粗细一致。

B.6　搓丝（fhab hxiees）

用手工将银丝搓成备材，应疏密一致。

B.7　掐丝（liangb hxiees）

用镊子掐出各种形状的部件，应纹样准确、流畅。

B.8　编丝（hvi hxiees nix）

通过手工把银丝备材编制成各种形状的部件，应疏密、长短大小一致。

B.9　镂空

錾刻后的剩余空间，用錾刀割断清除，应边角到位，边线整齐。

B.10　焊接（hxeif nix）

用焊枪对部件进行直接焊接，或用吹管对部件和焊料进行加热焊接，应无虚焊、漏焊、焊疤。

B.11　清洗抛光（sad nix）

表面处理先用加热除去硼砂焊料，根据不同形状用明矾煮，再用铜刷在清水里刷或者直接用抛光轮抛光，小面积用玛瑙抛光。应做到色泽与材料一致，无锉、刮痕迹，无毛刺刮手，光滑，无水渍。

附 录 C

（规范性附录）

黔东南苗族银饰传统工艺产品等级要求

表 C.1　黔东南苗族银饰传统工艺产品等级要求

序号	缺陷名称	优等品	一等品	二等品	合格品
1	表面灰白色	不允许	不允许	不太严重灰白色	有灰白色
2	表面有锉、刮、锤痕迹	不允许	只有放大镜才发现的痕迹	一般难发现痕迹	有轻微的锉、刮、锤痕迹
3	表面有裂痕、沙眼、杂质	不允许	不允许	有微小沙眼，无裂痕，无杂质	有较砂沙眼和杂质
4	边棱尖角不光滑，有毛刺	不允许	边棱尖角不光滑，无毛刺	边棱尖角不光滑。毛刺不刮手	允许
5	虚焊，漏焊	不允许	虚焊，漏焊不大于1%	虚焊，漏焊不大于5%	虚焊、漏焊不大于8%
6	焊疤	微小焊疤不超过2%	微小焊疤不超过10%	一般焊疤不超过10%	明显焊疤不超过10%
7	编结丝疏密误差	不超过2%	不超过5%	不超过8%	不超过15%
8	錾刻线条凌乱，层次不分，错刻、漏刻，刻线到位差	刻线到位差不超过5%，其余不允许	刻线到位差不超过10%，其余不允许	錾刻线条不太流畅，主次不是很明显，刻线不到位超过10%	錾刻线不太均匀，层次较差，有漏刻超过5%，刻线到位率差超过15%
9	拉丝粗细不均	不允许	不允许	丝粗细不均，还超过2%	丝粗细不匀，超过5%
10	搓丝松密不均匀	不允许	不超过2%	不超过8%	不超过10%
11	色泽与材料不一致	不允许	不允许	不允许	色差不超过5%
12	表面有水渍	不允许	不允许	不允许	不超过表面积的2%

后　记

　　《苗族银饰文化产业调查研究》一书根据 2013～2017 年笔者利用寒暑假及节假日八次下乡调研记录整理而来。调研小组到贵阳，黔东南凯里、施洞、塘龙、台江、雷山，黔南都匀、贵定、惠水，黔东松桃、铜仁及湘西花垣、凤凰、古丈、吉首等地，对苗族东、中部方言区节庆活动和苗族银饰锻制与销售展开调查；通过对工作人员、苗学专家的通信访谈、文献收集、参观博物馆等调研方式对三江、吉首、施洞、雷山、铜仁、都匀等民族地区苗族银饰文化产业发展情况进行研究。这些年，对苗族银饰的调研活动让笔者对非物质文化遗产的保护与传承有了深刻的认识，对苗族银饰的产业状况有了较为全面的了解。

　　苗族银饰文化产业包含的内容比较广泛，在调研中笔者重点采访了一些具有代表性的国家级、省级、州级、县级的苗族银饰锻制技艺传承人，了解他们的传承与创新、生产与销售、投入与收入、在学校的授课等情况；还采访了一些著名的专家学者，了解苗族银饰的文化背景，以及如何对苗族银饰作品进行解读。通过多年的调研，笔者加深了对苗族银饰的理解，掌握苗族银饰在民间的供需状况，这些都对今后苗族银饰的文化及产业发展提供了科学的依据。

同时，随着人们对苗族银饰需求的不断增长和审美能力的日益提高，苗族银饰文化产业也在不断变化发展之中，这对本书中各项调研数据的收集与整理，产业形势的分析带来一定的难度，所存在的不足可想而知。一家之言，难免欠妥，还望各位专家批评指正。

感谢贵州大学人类学研究所所长、博士生导师、苗族专家刘锋教授，刘教授多年来主要从事民族文化研究，其专著成果丰硕，1996 年出版第一部独著《民族调查通论》，2004 年出版独著《〈百苗图〉疏证》，2006 年出版合著《人类学的理论预设与建构》；1995 年与人合著《贵州省岑巩县注溪乡岑王村老屋基喜傩神调查报告》，1996 年合著《贵州省晴隆县中营镇新光村硝硐苗族庆坛调查报告》，2004 年主编《贵州省黎平县永从乡侗族九龙村寨调查》；其著作达 200 多万字，刘教授是一位勤奋务实、思维活跃的民族学专家，笔者在与其交谈的过程中总能感受到他非凡的学术智慧和独到的专业见解，他给我讲述了贵州苗族婚姻文化和产业文化，在此感谢他的一一点拨。

感谢原贵州省社会科学院民族文化研究所所长（研究员）、贵州省省管专家、国家民政部"全国农村社区建设专家顾问组"专家、贵州省苗学会常务副会长、贵州省高校哲学社会科学学术带头人、中国民族学学会理事、西南民族研究会理事、贵州民族研究会理事、贵州大学人文学院教授、国家社科基金重大项目"世界苗学通史"首席专家、华南师范大学历史文化学院博士后合作导师张晓教授。张教授从事苗族文化和妇女等研究 25 年，出版、主编著作多部，发表文章近百篇。其中专著《西江苗族妇女口述史研究》获首届中国民间文艺"山花奖·学术著作奖"一等奖、贵州省第四次哲学社会科学优秀成果二等奖；论文《跨国苗族认同的依据与特点》获贵州省第七次哲学社会科学优秀成果二等奖，《美国社会中的苗族家族组织》获贵州省第八次哲学社会科学优秀成果二等奖。虽与张教授仅一面之缘，但她仍热心地对本书提出很多学术上的意见和建议，并就文章的结构和研究方向提出了很多新颖的看法，在此一并致谢。

苗族村寨风景宜人，空气清新；苗族人民热情好客，有问必答；苗族银匠非遗传承人每次都毫无保留地把苗族银饰锻制技艺及销售情况告知我们，苗族银饰文化产业的相关工作人员同样为我们讲述了各地苗族银饰生产销售情况及相关形势，对他们的慷慨相助在此深表感谢。同时感谢贵州大学的曹端波、潘胜之、吴晓花等几位学界同人的指导。另外，还要感谢我的家人，是他们尽可能地承担繁杂的家务，才让我得以安心著书写作。由于时间仓促，水平有限，书中的相关论证仍有一些不尽如人意的地方。但有了这些前期调研作为铺垫，相信笔者对苗族银饰文化产业的研究成果将会更加丰富和完善。

郑泓灏

2018 年 6 月 18 日于张家界

图书在版编目（CIP）数据

苗族银饰文化产业调查研究／郑泓灏著. —— 北京：
社会科学文献出版社，2018.9
　ISBN 978 - 7 - 5201 - 3263 - 3

　Ⅰ.①苗…　Ⅱ.①郑…　Ⅲ.①苗族 - 金银饰品 - 文化
产业 - 调查研究 - 中国　Ⅳ.①TS934.3

　中国版本图书馆 CIP 数据核字（2018）第 185707 号

苗族银饰文化产业调查研究

著　　者／郑泓灏

出 版 人／谢寿光
项目统筹／任文武
责任编辑／高　启

出　　版／社会科学文献出版社·区域发展出版中心（010）59367143
　　　　　地址：北京市北三环中路甲 29 号院华龙大厦　邮编：100029
　　　　　网址：www. ssap. com. cn
发　　行／市场营销中心（010）59367081　59367018
印　　装／三河市东方印刷有限公司

规　　格／开　本：787mm × 1092mm　1/16
　　　　　印　张：15.25　字　数：191 千字
版　　次／2018 年 9 月第 1 版　2018 年 9 月第 1 次印刷
书　　号／ISBN 978 - 7 - 5201 - 3263 - 3
定　　价／78.00 元